全球地表覆盖时间序列更新、精度评价与整合

朱 凌等 著

科学出版社

北京

内 容 简 介

随着对地观测卫星数量的不断增加，卫星数据的免费提供、地表覆盖数据的研制向着更高空间分辨率、更短更新周期的方向发展。大数据时代，人工智能技术、互联网众源数据挖掘、时间序列分析、本体技术、地统计学与地表覆盖制图领域逐渐结合，使地表覆盖研究日益智能化、自动化、高精度。本书结合上述新技术，主要论述了深度学习地表覆盖要素提取、时间序列更新、生态地理分区耦合地学统计改善地表覆盖数据精度、基于本体的地表覆盖产品整合及地表覆盖伪变化检测的研制方法，将进一步推动我国在地表覆盖遥感制图领域的发展。

本书可供地球科学、遥感、测绘等专业的科研人员、工程技术人员、研究生、本科生、管理决策者参考使用。

图书在版编目（CIP）数据

全球地表覆盖时间序列更新、精度评价与整合/朱凌等著. —北京：科学出版社，2021.8
ISBN 978-7-03-069738-7

Ⅰ.①全… Ⅱ.①朱… Ⅲ.①遥感技术-应用-地表形态-研究
Ⅳ.①P931.2

中国版本图书馆 CIP 数据核字（2021）第 182158 号

责任编辑：韦 沁／责任校对：张小霞
责任印制：吴兆东／封面设计：北京图阅盛世

科学出版社 出版
北京东黄城根北街 16 号
邮政编码：100717
http://www.sciencep.com
北京捷迅佳彩印刷有限公司 印刷
科学出版社发行 各地新华书店经销
*
2021 年 8 月第 一 版 开本：787×1092 1/16
2023 年 2 月第二次印刷 印张：12 1/2
字数：307 000
定价：188.00 元
（如有印装质量问题，我社负责调换）

前　　言

人类活动对地球生态系统造成的压力持续增加，正在使自然环境退化。地表覆盖及其变化能够直接反映地表自然营造物和人工建造物的自然属性、状况。随着国内外 10～30m 空间分辨率卫星遥感数据的开放下载，云平台和 Web2.0 技术的发展，地表覆盖全球制图领域随之发生着变化。

本书是《全球地表覆盖产品更新与整合》一书的续篇，结合大数据时代的地表覆盖产品的生产，主要介绍当前遥感领域的先进技术——深度学习，并用于不透水面提取；将两时相地表覆盖产品的更新推广到时间序列的更新；利用地统计学模型评价地表覆盖产品的精度；基于本体理论实现地表覆盖产品的整合。研究方法先进、新颖，紧跟技术前沿，为地表覆盖产品生产提供了新思路、新方法。目前国内深入研究地表覆盖数据制图的书籍、资料尚不丰富。本书依托国家"十三五"重点研发计划"地球观测与导航"重点专项"基于国产遥感卫星的典型要素提取技术"项目中的课题四"典型资源环境要素识别提取与定量遥感技术"（课题编号 2016YFB0501404）。本书的出版还得到了北京建筑大学的资助，由北京建筑大学、武汉大学的科研人员协作完成。

全书共分为 6 章。第 1 章介绍大数据时代对地表覆盖产品生产带来的技术变化，以及提出地表覆盖领域中语义的异构性的问题。此外还介绍了全书的结构，总领全书。第 2 章介绍基于语义分割的不透水层提取方法，在生态地理分区基础上，采用卷积神经网络结合迁移学习有效分割遥感影像中的人工不透水层。第 3 章论述利用时间序列遥感影像进行增量更新可提高地表覆盖产品制作的一致性与最终产品的分类精度。第 4 章针对评价地表覆盖分类产品局部精度，提出了一种耦合生态地理分区专家知识和马尔可夫链地学统计模拟来提高地表覆盖分类产品精度的方法。第 5 章介绍一种基于本体的地表覆盖产品整合方法。该方法以混合本体方法为基础，建立共享词汇表，将多个局部本体中的概念通过共享词汇表进行连接和比较，实现地表覆盖数据的整合。第 6 章介绍基于国产高分一号（GF-1）16m 分辨率 WFV 影像，采用"协同分割变化检测提取增量—生态地理分区知识库离线伪变化去除—在线众源伪变化标记—基准地表覆盖产品更新"的技术路线，实现境外实验区地表覆盖产品生产的实例。

各个章节的撰写人分别为：第 1 章、第 2 章、第 3 章、第 4 章为北京建筑大学朱凌；第 5 章由武汉大学贾涛完成；第 6 章北京建筑大学石若明完成。参与本书编写工作的还有北京建筑大学的硕士研究生李菁、卫玄烨、刺怡璇、高德峻、张敬怡、靳广帅等，武汉大学的博士研究生喻雪松、刘樾、硕士研究生汪胜潘、林荫、陈凯。此外，感谢"基于国产遥感卫星的典型要素提取技术"项目支持单位国家基础地理信息中心的同仁们为本书技术方案提供的宝贵建议和为实验提供的地表覆盖产品 GlobeLand30 数据。感谢课题四"典型资源环境要素识别提取与定量遥感技术"参与单位北京师范大学赵祥教授、中国科学院地理科学与资源研究所杨晓梅研究员、刘彬博士提供的帮助！

　　本书适合研究遥感地表覆盖、土地利用制图、产品更新、地表覆盖变化检测、地统计学和地学知识应用、数据整合及全球地表环境监测等相关领域的研究人员和研究生阅读。因作者水平有限，书中难免有纰漏，敬请各位读者批评指正、一起探讨。

作　者

2021 年春

目　　录

第1章 绪 论

1.1 大数据时代的地表覆盖制图

地表覆盖是地球表面各种物质类型及其自然属性与特征的综合体，是最明显和最常用的表征地表和相应人类或自然过程的指标。地表覆盖数据是地学科学大数据之一，全球范围的地表覆盖产品为《联合国2030年可持续发展议程》《联合国气候变化框架公约》《京都议定书》等国际倡议，以及科学界监测环境及全球变化重要的基础数据（朱凌等，2020）。目前，遥感是大范围地表覆盖制图的唯一有效手段（陈军等，2016）。

大数据时代背景下，随着卫星数据开放，谷歌地球引擎（Google Earth engine，GEE）等云计算平台的发展（Gorelick *et al.*，2017），地表覆盖产品的数据量在不断增加。在全球水体地表覆盖产品综述中（Xu *et al.*，2020），回顾的33个数据集中约有50%（16个）是在2014年之后生产的。

目前，商业化的、大规模的云计算普遍存在。亚马逊网络服务（Amazon web services，AWS）存储了全球哨兵（Sentinel）和陆地卫星（Landsat）档案的副本，使其可用于云处理。谷歌地球引擎（GEE）是免费的地理计算云平台，是谷歌（Google）提供的对大量全球尺度地球科学资料（尤其是卫星数据）进行在线可视化计算和分析处理的云平台。GEE能够存取卫星图像和其他地球观测数据资料，并提供足够的运算能力对这些数据进行处理。GEE上包含超过200个数据集，超过500万张影像，每天的数据量增加大约4000张影像，容量超过5PB。相比于ENVI、ERDAS等传统的遥感图像处理工具，GEE可以快速、批量处理数量"巨大"的影像。通过GEE可以快速计算归一化植被指数（normalized difference vegetation index，NDVI）、预测作物相关产量、监测旱情长势变化、监测全球森林变化等。GEE不仅提供在线的JavaScript API，同时也提供了离线的Python API。通过这些API可以快速地建立基于GEE及Google云的Web服务（Gorelick *et al.*，2017），GEE的官方地址为https://earthengine.google.com。Liu等（2020）利用GEE平台，以5km的分辨率建立了全球地表覆盖（global land cover，GLC）产品——全球地表覆盖年动态（global land surface satellite-global land cover，GLASS-GLC）数据，包括自1982～2015年的34年的年度动态产品。与早期的全球地表覆盖产品相比，GLASS-GLC具有高一致性、更多细节和更长时间覆盖的特点，包括农田、森林、草地、灌丛、冻原、荒地和冰雪7个类型的平均总准确率为82.81%。利用免费获取10m分辨率的Sentinel-2图像和GEE提供的巨大计算能力，Gong等（2019）使用随机森林分类器开发了包含10个类型的10m分辨率的精细分辨率观测和监测全球地表覆盖（fine resolution observation and monitoring of global land cover，FROM-GLC）产品——FROM-GLC10（http://data.ess.tshunghua.edu.cn）；验证样本验证的总体精度为72.76%。Zhang等（2020b）在GEE平台，结合Landsat 8卫星陆地成像仪（operational land imager，OLI）光学图像、Sentinel-1 合成孔径雷达（synthetic aperture radar，SAR）图像和可见光红外成像辐射计套件（visible infrared imaging radiometer suite，VIIRS）夜间光（nighttime light，NTL）图像，生成 2015 年分辨率为 30m 的全球不透水面图；采用多源、多时相随机森林分类（multisource，multitemporal random forest classification，MSMT_RF）方法，总体准确率为 95.1%。

与 GEE 类似，国内研制了 PIE-Engine Factory 遥感处理云服务，是一套面向国内外主流遥感卫星、航空摄影数据提供标准化产品生产、管理、调度及质检一体化服务的分布式处理平台。平台提供了丰富的算法和生产线模板；支持光学、高光谱、SAR 等影像数据标准产品的自动化、批量化生产，生态参量产品反演，分类产品、地表要素的智能提取与信息挖掘；并支持对上述产品的质量检查与精度评估。

PIE-Engine Factory 采用先进的分布式计算、中央处理器（central processing unit，CPU）与图形处理器（graphics processing unit，GPU）混合调度及可扩展流程驱动等技术，将复杂的、耗时的生产环节编排成可自动化执行的生产流程，实现大规模影像数据的快速自动化生产；采用云原生技术，以微服务架构进行设计，支持用户从多终端随时访问平台功能与资源。同时，平台提供算法模块的界面集成、流程编排、并行调度及任务监控，能为气象、水利、北斗等各行业数据处理和专题产品分析制作提供统一接口标准和服务集成平台。

PIE-Engine Factory 支持高分（GF）系列（GF-1/B/C/D、GF-2、GF-3、GF-5、GF-6）、资源（ZY）系列（ZY-02C、ZY-3）、风云（FY）系列（FY-3、FY-4）、NOAA 系列（NOAA-18、NOAA-19）等卫星影像数据的自动化、流程化处理及产品制作。

PIE-Engine Studio 遥感计算云服务，作为 PIE-Engine 产品家族的重要组成部分，是一个集实时分布式计算、交互式分析和数据可视化为一体的在线遥感云计算开放平台，它基于云计算技术，汇集遥感数据资源和大规模算力资源，通过在线的按需实时计算方式，大幅降低遥感科研人员和遥感工程人员的时间成本和资源成本。用户仅需要通过基础的编程就能完成从遥感数据准备到分布式计算的全过程。

PIE-Engine Studio 以在线编程为主要使用模式，提供了完善的在线开发环境，是目前国内最接近 GEE 的产品，将弥补国内长期缺失 GEE 竞品的局面，加速推动中国遥感技术生态圈的快速形成和发展。

在一个共享的协作环境中提供遥感地表覆盖制图所需的所有要素，这为遥感观测数据的应用提供了一个独特的机会，但也对充分发挥其在数据开发方面的潜力提出了重大挑战。在这种情况下，欧洲航天局（European Space Agency，ESA）启动了地球观测开发平台 Thematic Exploitation Platforms（TEPs，https://tep.eo.esa.int）倡议，目的是在欧洲创建一个相互关联的主题开发平台生态系统，解决 7 个主题，包括海岸带、林业、水文、地质灾害、极地、城市、粮食安全。地球观测开发平台 TEPs 是一个虚拟的、开放的和协作的环境，它汇集了地球观测和非地球观测数据，计算资源，支持数据开发的工具（处理、数据挖掘、数据分析），算法开发、协作和通信（如社交网络、论坛），以及市场功能。地球观测开发平台 TEPs 为不同类型的利益相关者提供了执行各种任务和实现其目标的基础。科研人员可以根据地球观测数据开展科学研究，分享行之有效的算法；软件供应商可提供处理地球观测数据的工具箱；服务提供商可为本领域技术人员提供可扩展的运营服务；基础设施提供商可提供数据开发所需的计算资源；数据所有者向平台提供地球观测或非地球观测数据产品；专题知识所有者可与本领域的利益相关者分享他们的专业知识；最终用户可使用平台上可用的资源，获取更高层次的信息，最终共享平台上的衍生信息，获得收益。由于地球观测数据量的迅速增长及对处理大量多时相数据集的需求，随着越来越多的云平台的出现，传统的将地球观测数据下载到本地的模式将逐渐被淘汰。

国内外遥感卫星的创新发展在空间、时间和光谱领域逐步提升着遥感数据。目前，可以免费获得卫星遥感数据主要包括：

欧洲航天局发射的 Sentinel-1 和 Sentinel-2 卫星免费公开提供 10~20m 分辨率的光学和雷达数据，重访时间为几天。Sentinel-3 卫星于 2016 年发射 A 星、2018 年发射 B 星，搭载 4 种传感器包括海陆彩色光谱仪、海陆表面温度辐射计、合成孔径雷达高度计和微波辐射计。Sentinel 卫星数据可在 https://scihub. copernicus. eu 下载。

开放获取的美国陆地卫星（Landsat）由美国国家航空航天局（National Aeronautics and Space Administration，NASA）和美国地质调查局（United States Geological Survey，USGS）共同管理。自 1972 年起，陆续发射了系列卫星，已经持续了近 50 年。Landsat 8 卫星自 2013 年运行，提供连续的地表观测影像，仍然是地表监测的主要数据来源之一。下载的网址为 https://earthexplorer. usgs. gov 或 http://www. gscloud. cn。

中国资源卫星应用中心通过陆地观测卫星数据服务平台向用户免费提供国产高分一号（GF-1）和高分六号（GF-6）16m 分辨率多光谱宽幅（wide field of view，WFV）影像。可在中国资源卫星应用中心网站下载（http://36. 112. 130. 153:7777/DSSPlatform/index. html）。

美国 Hyperion 高光谱数据包括 2000~2017 年 220 个光谱段影像，空间分辨率为 30m。下载的网址为 https://earthexplorer. usgs. gov 或 http://www. gscloud. cn。

高分辨率卫星数据源的发展开启了以 10~30m 分辨率绘制全球地表覆盖图的新时代，全球地表覆盖产品的空间分辨率逐步提高。图 1.1 是 1990~2015 年研制的全球地表覆盖产品的空间分辨率的变化情况（Herold et al.，2016）。可以明显看出，空间分辨率一直在不断提升，卫星数据开放在这一趋势中发挥了重要作用，特别是美国 Landsat 卫星数据的免费获得，推动了全球高分辨率（30m）的地表覆盖产品的研制，如 FROM-GLC（Gong et al.，2013）和 GlobeLand30（Chen et al.，2015a，2015b）。除此之外，目前还有几款全球 30m 分辨率不透水面产品：NUACI（normalized urban areas composite index；Liu et al.，2018）、HBASE（human built-up and settlement extent；Brown de Colstoun et al.，2017）、GHSL（global human settlement layer；Pesaresi et al.，2016）和 MSMT_RF（Zhang et al.，2020b）。Li 等（2020）利用 Landsat 历史数据辅以夜间灯光影像和 Sentinel-1 合成孔径雷达（SAR）影像，在 GEE 云平台生成了 1985~2018 年逐年的 30m 全球人工不透水面范围（global artificial impervious areas，GAIA）。通过评估 1985 年、1990 年、1995 年、2000 年、2005 年、2010 年和 2015 年的 GAIA 数据，平均总体准确率高于 90%。对年度、月度地表覆盖产品的需求主要来自于用户。我国已向联合国捐赠了 2000 年、2010 年和 2020 年三期分辨率为 30m 的全球土地覆盖产品——GlobeLand30（GlobeLand30. org）。FROM-GLC 利用开放的 Sentinel-2 影像研制了全球 10m 分辨率产品——FROM-GLC10（Gong et al.，2019），

再次将全球地表覆盖产品的空间分辨率推向新高。大数据处理和存储的发展使我们可以相对容易地生成更高空间分辨率的全球地表覆盖图。

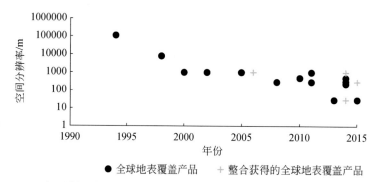

图 1.1　1990～2015 年研制的全球地表覆盖产品的空间分辨率的变化情况（据 Herold et al.，2016）

全球地表覆盖产品的时间覆盖越来越密集，全球地表覆盖基金（Global Land Cover Facility，GLCF）和地表覆盖气候变化倡议（land cover climate change initiative，LC-CCI）项目提供每年的全球地表覆盖图（CCI-LC）①。随着时间序列分析的不断发展，预计不久的将来可对地表覆盖图进行近实时更新。例如，Xu 等（2020）提到具有年度时间分辨率的全球水体数据集对于长期的水生土地覆盖变化监测是有用的，许多用户需要年内动态和年际变化的产品。

图 1.2 显示了 1990～2015 年用于评估全球地表覆盖图准确性的参考样本数（Herold et al.，2016）。近年来，由于互联网、云技术的快速发展，各地表覆盖研究机构才有可能公开其"验证数据集"，此外，由于智能手机的发展，一些志愿者网站的数据也可用于地表覆盖制图。各机构公开的验证点数据用于对其产品进行精度验证，因此质量可靠且有保障，可复用于未来地表覆盖产品的生产、验证、整合过程。这些验证数据主要来自于几个网站，包括：①GOFC-GOLD（global observation of forest and land cover dynamics）项目，负责参考数据制作者网址为 http://www.gofcgold.wur.nl/sites/gofcgold_refdataportal.php。GOFC-GOLD 参考数据端口包括合并的 GLC2000 参考数据（GLC2000ref；Mayaux et al.，2006）、合并的 GlobCover2005 参考数据（GlobCover2005ref；Bontemps et al.，2011）、陆地生态系统参数化系统（system for terrestrial ecosystem parameterisation，STEP）参考数据（Friedl et al.，2002）、可见光红外成像辐射仪套件（VIIRS）表面类型参考数据（Friedl et al.，2000）及 2008 年的全球地表覆盖图 GLCNMO 2008（global land cover by national mapping organizations 2008）的参考数据集（Olofsson et al.，2012；图 1.3）。② Geo-Wiki 众源数据，网址为 https://www.geo-wiki.org（图 1.4）。③ DCP（degree confluence project），志愿者提供的图像，网址为 http://www.confluence.org（图 1.5）。④其他研究机构，如有清华大学提供的全球验证样本数据集（Zhao et al.，2014），网址为 http://data.ess.tsinghua.edu.cn（图 1.6）。⑤flickr 照片分享网站，网址为 www.flickr.com（图

---

① CCI-LC. 2014. CCI-LC product user guide. UCL-Geomatics（Louvain-La-Neuve），Belgium.

1.7）。⑥地表覆盖验证平台——LACO Wiki（land cover validation platform Wiki），网址为 https：//www. laco-wiki. net（图 1.8）。

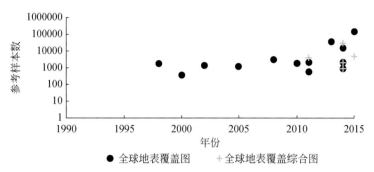

图 1.2　1990～2015 年用于评估全球地表覆盖图准确性的参考样本数（据 Herold *et al.* ，2016）

图 1.3　GOFC-GOLD 地表覆盖项目

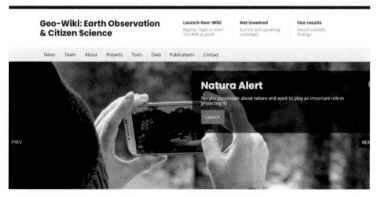

图 1.4　Geo-Wiki 众源数据

图 1.5　DCP（degree confluence project）

图 1.6　全球验证样本数据集

图 1.7 flickr 照片分享网站

图 1.8 地表覆盖验证平台——LACO Wiki

Olofsson 等（2012）强调了最佳利用以往参考数据集的概念，Tsendbazar 等（2015a，2015b）对这些参考数据集的可重用性进行了评估。这些验证数据集可为将来的地表覆盖产品的分类和验证提供宝贵的资源，但目前这些数据集较为分散，没有统一的端口进入。地球观测组织（group on earth observations，GEO）也许可以通过其新兴的知识中心（knowledge hub）概念，将共享的参考数据库连接在一起，参见 https://www.geoplace.co.uk。

在 Web2.0 时代，互联网成为"可读写"网络，用户不仅仅局限于浏览，他们还可以自己创建内容并上传到网页上。众源地理信息系统的出现，为地表覆盖制图提供了便利。而新的 Web3.0 更加智能，它在学习、在理解"你"是谁。Web3.0 的一个关键元素是"语义网络"。语义网络和人工智能是 Web3.0 的两大基石，语义网络有助于计算机学习数据的含义，从而演变为人工智能，分析、处理信息和数据。

1.2 地表覆盖语义的异构问题

地表覆盖数据本身具有异构性，表现在数据生产方式、时空范围基准、时间粒度–频度、各类别的语义等方面（Di Gregorio and O'Brien，2012）。这里主要考虑语义的异构问题在地表覆盖分类中的影响。

地表覆盖制图中的一个难点是地表覆盖语义的异构问题。地表覆盖类型本身并不是一个清晰的概念，具有认知模糊性，自然地表是渐变的，由各种类型夹杂混合而成，类别与类别之间的界线很难划分。分类是一个武断的过程，现实世界是一个连续体，任何连续体被划分为不同类别的做法往往反映的是数据生产者的需求，而不是最终用户的需求。虽然现在与以往相比，已经推出了更多、更高分辨率和精度的产品，但仍然不能满足众多用户的需求和应用。用户的需求和应用范围千差万别，目前还没有一种切实可行的方法可生成能够满足这些不同需求的产品。不同的用户对地表覆盖产品的数量、类型、空间分辨率、时间分辨率和地理范围有不同的要求（Szantoi et al.，2020）。监测地表的计划有不同的目标、方法和制图标准，地表覆盖产品的生产涉及众多的国际组织、研究机构、政府部门、高校，这些产品独立地研发和部署，难以共享和互操作。一些有影响力的地表覆盖分类方案，如美国的安德森（Anderson）分类系统（Anderson et al.，1976）、中国的 GlobeLand30 分类方案（Chen et al.，2015a，2015b）、欧盟环境信息协调（coordination of information on the environment，CORINE；Steemans，2008）系统等，分类体系各不相同。分类系统间在专题语义上存在差异，造成了信息交互的困难。而一个庞大的、不断增加的用户群需要地表覆盖数据具有一致性和连续性。这些地表覆盖分类成果无法同时满足多领域应用的需求，领域用户往往需要回溯到原始遥感影像重新分类，重复建设多种产品，造成极大的浪费。

对于用户来说，仅仅根据类名或非系统的描述无法区分地表覆盖类别间的语义差异。地表覆盖语义的异构性在应用不同时期地表覆盖产品提取变化，以及将多个不同语义的产品整合等方面表现出来（Herold et al.，2006；Zhu et al.，2021；Tsendbazar et al.，2015a）。例如，在研究过去 15 年地表覆盖变化时，我们会面对不同版本的产品，后期的产品可能包含更多的类别。如果这些类别与以前产品类别之间的关系不明确，则无法正确评估变化程度（Herold et al.，2016）。Tsendbazar 等（2015a）在研究整合非洲范围的地表覆盖产品 GlobCover2009、CCI-LC、MODIS-2010 和 GlobeLand30 时发现，GlobeLand30 出现了过多表现草原的趋势，主要是和森林、灌木等类型之间的混淆，可以看出，这是由于地物的混杂和分类体系的不一致引起的。Herold 等（2006）研究发现，由于不同地表覆盖产品的森林类型语义不同，叠加后森林范围差异很大。除了语义差异外，地表覆盖产品有些分类错误是源于地表覆盖类型混合，如乔木、灌木和草本植被混杂，无法清楚地区分，分歧主要出现在过渡地带（Herold et al.，2008；崔巍，2004）。

由于不同领域的关注点不同，同一概念的语义含义是有差异的，不同的应用领域对地表覆盖的划分标准不尽相同。例如，美国的国家地表覆盖数据库（national land cover database，NLCD）产品（Yang et al.，2018）将森林分为常绿、落叶和混交林，而 FROM-GLC 产品中森林分为阔叶、针叶和混交林（Zhu et al.，2021）；城市道路规范按照快速路、主干路、次干路、支路分级，而国家建委的《城市规划定额指标暂行规定》将道路划分为一级、二级、三级和四级（崔巍，2004）。此外，全球不同区域对同一地表覆盖概念的理解和认知差异巨大。例如，河流的语义在不同的气候带是完全不同的。德国的河流概念要求含有水，而在西班牙，河流可能一年中大部分时间处于干涸状态。全球地表覆盖产品采用统一的标准将无法顾及区域特色得到合理的分类结果（Janowicz，2012）。

联合国环境规划署粮食及农业组织（Food and Agriculture Organization of the United Nations，FAO）的土地覆盖分类系统（land cover classification system，LCCS）（Di Gregorio and O'Brien，2012）向全球统一的地表覆盖分类系统迈出了一步。如图 1.9 所示，LCCS 的设计分为两个主要阶段，最初的二分类阶段，定义了 8 种主要的地表覆盖大类，之后是模块-层次结构阶段，每大类通过不同数量的分类器来定义类，分类器还与属性结合进一步描述语义。属性包括环境属性和特定的技术属性（可以自由添加到地表覆盖类中）两方面。因此，重点不再是类名，而是用于定义该类的一组分类器。地表覆盖类型蕴含的语义信息在定义类别的过程中能够较为清晰的表达。

对于大多数地表监测计划来说，地表覆盖和土地利用方面的信息经常混在一起。为了提高地表监测系统的灵活性，以适应目前和未来不同规模的地表监测计划，需要明确区分地表覆盖和土地利用来描述景观。来自 27 个欧洲国家有关土地监测的国家主管部门代表启动了统一欧洲土地监测（harmonized European land monitoring，HELM）项目，该项目的目标是提高欧洲土地监测的成熟度。未来欧洲综合土地监测系统的构想是以 EAGLE

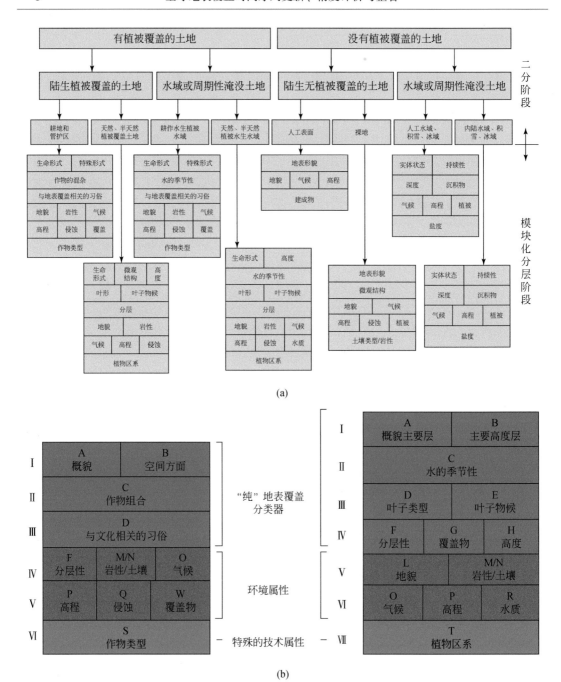

图 1.9 LCCS 示意图

（a）二分法结构和八大类；（b）LCCS 分类器示例，上半部分蓝色为地表覆盖分类器，
中间粉色为环境属性，下面为特殊属性

（EIONET action group on land monitoring in Europe）概念为核心的，作为数据集和术语之间语义翻译和数据集成的工具（Arnold *et al.*, 2013）。EAGLE 遵循的是自底向上的思路，是一种面向对象的数据模型，除了可以作为不同分类系统之间的语义翻译工具外，还可以帮

助分析类定义，找出语义上的空白、重叠和不一致，并可作为地表覆盖制图的数据模型。一般的分类系统对地表覆盖的表达使用类别，EAGLE 矩阵将一种地表覆盖类的定义分解成三个部分：地表覆盖成分（land cover component，LCC）、土地利用属性（land use attributes，LUA）、特征（further characteristics，CH），见图 1.10。与地表覆盖建模相关的现实世界景观抽象表示为"LCC"，这些组件相当于地表覆盖中包含哪些成分，如植被类型包含"树"这个组件。CH 模块的内容相当于属性，如叶形、叶子的物候特点、树高、覆盖度等。在此基础上还可以增加 LUA 中相关的属性内容。通过在 EAGLE 矩阵中定义 3 个组成部分，实现了解构地表覆盖类型中包含的语义信息。

语义形式化知识表达是对地观测数据综合集成，大数据计算、挖掘和可视化的基础。Ahlqvist（2012）对地表覆盖中语义方面的问题进行了综述，归纳了测量语义相似度的 5 种方法，采用语义相似度矩阵的方式预测类型间易混淆的程度、提取地表微妙的变化。随着科技的不断发展及数据的不断累积，催生了新时期的知识工程。本体、语义网络和知识图谱都是不同的知识工程载体，作为知识管理模型已经被广泛应用在人工智能及知识工程领域，在知识共享、知识推理和智能辅助策略等方面发挥着重要作用（王昊奋等，2020）。地理本体能够以机器理解的形式表达概念领域知识，在地理领域用于语义建模、语义互操作、知识共享与复用信息检索服务（Agarwal，2005；安杨等，2004；刘纪平等，2011；李军利等，2014；谭永滨等，2013；诸云强和潘鹏，2019）。地理本体是把有关地理科学领域的知识、信息和数据抽象成一个个具有共识的对象（或实体），并按照一定的关系组成体系，同时通过概念化处理和明确定义建立概念模型，最后采用形式化进行表达的理论与方法（诸云强和潘鹏，2019）。

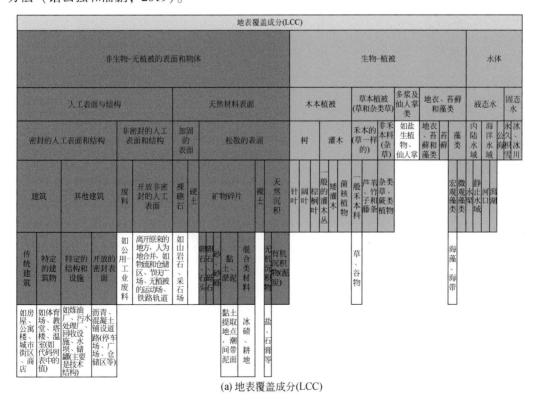

(a) 地表覆盖成分(LCC)

土地利用属性(LUA)

工业(次级部门)

主要生产部门
- 农业
  - 经济作物生产
  - 农业基础设施
  - 牲畜
  - 其他农业
- 林业
- 采矿和采石场
- 水产养殖和渔业
- 其他主要生产

工业(次级部门)
- 生产制造行业
  - 轻工业（如纺织、服装、印刷、电子）
  - 重工业（如机械、车辆、武器等）
  - 木材工业
  - 造纸、纸浆
  - 石油、化学制品
  - 金属制品
  - 如瓷砖、非金属矿物
- 能源生产
  - 可再生能源生产
    - 水电
    - 太阳能
    - 风能
    - 地热能
    - 生物质能
    - 废物能源
  - 燃料发电
    - 煤、石油、天然气、泥煤
  - 能源配电设施
    - 电力分配
    - 燃料分配
    - 汽车加油站
    - 中继站、电压变换

土地利用属性(LUA)

服务业(第三部门)
- 商业服务
  - 金融、专业和商业服务
  - 住宿和餐饮服务
  - 信息服务
- 社区服务
  - 公共行政、国防、安全
  - 科学研究、教育
  - 卫生和社会服务
  - 宗教服务
  - 基础社区服务
    - 如医院
- 文化和娱乐服务
  - 文化服务
    - 如戏剧、艺术博物院、图书馆、历史遗迹
  - 室内文化娱乐服务设施
    - 如体育场、育乐、冰池、健身设施
  - 动物园、植物园
  - 体育基础设施
    - 游乐场、室外运动场
  - 露天游乐区
    - 城市绿地与公园、国家公园

运输网络、物流、公用事业
- 运输网络
  - 道路网络
  - 铁路运输网
  - 航空运输网
  - 水上运输网
  - 其他运输网络
- 物流仓储
- 公用事业
  - 配电服务
  - 水供应设施
    - 饮用水设施
    - 污水处理
  - 废物处理
    - 垃圾固体（液体）
    - 有害废物
    - 回收设施

住宅的
- 永久居住用住宅
- 住宅与其他用途混合（住宅、商业、工业等）
- 其他住宅（如临时房屋、周末房屋、假日别墅）

其他用途
- 自然保护区（自然保护）
- 防洪
- 复性被遗弃的（如填土、重新造林、改造自然）

内陆水功能
- 应急用洪泛区
- 消防用储存水
- 人防水保护堡
- 自然保护
- 没有经济用途

(b) 土地利用属性(LUA)

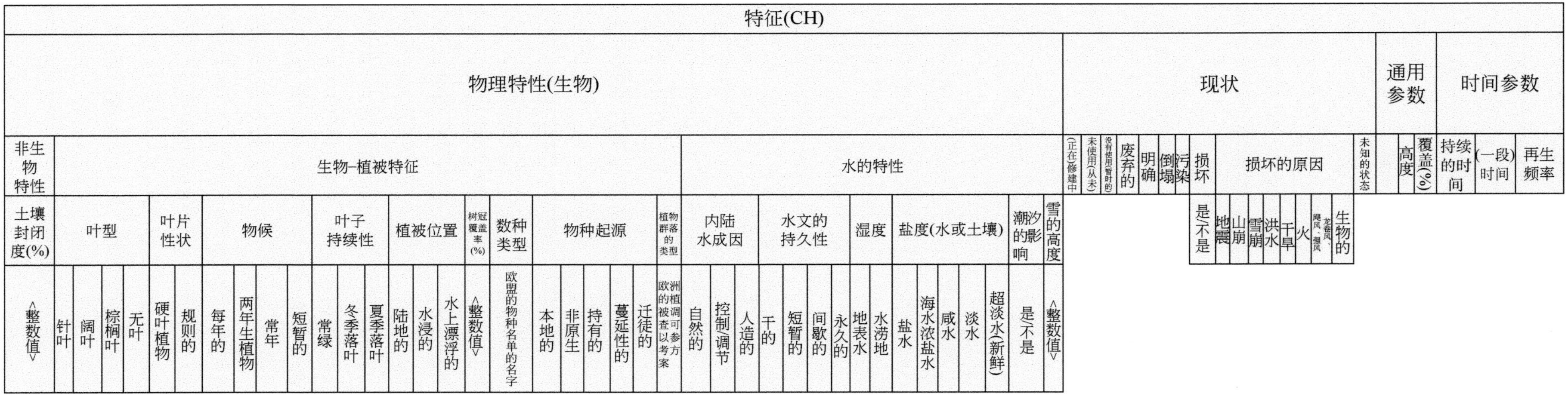

特征(CH)

非生物特性
- 土壤封闭度(%)
  - 〈整数数值〉

物理特性(生物)

生物-植被特性
- 叶型
  - 针叶
  - 阔叶
  - 无叶
- 叶片性状
  - 硬叶植物
  - 规则的
- 物候
  - 每年的植物
  - 两年生植物
  - 常年
  - 短暂的
- 叶子持续性
  - 常绿
  - 冬季落叶
  - 夏季落叶
- 植被位置
  - 陆地的
  - 水上漂浮的
  - 水浸的
- 树冠覆盖率(%)
  - 〈整数数值〉
- 数种类型
  - 欧盟的物种名单的名字
- 物种起源
  - 本地的
  - 非原生的
  - 特有的
  - 蔓延性的
  - 迁徙延性的
- 植物群落的类型
  - 欧洲的植被调查可以参考方案
- 内陆水成因
  - 自然的
  - 人造的
  - 控制调节
- 水文的持久性
  - 间歇的
  - 短暂的
  - 永久的
- 湿度
  - 地表水涝地
- 盐度(水或土壤)
  - 海水
  - 咸水浓盐水
  - 淡水
  - 超淡水新鲜
  - 潮汐的影响(雪)
    - 〈整数数值〉是 不是

水的特性

现状
- 正在修缮中
- 未使用的(暂时入未)
- 废弃的
- 明确的
- 倒塌的
- 污染
- 损坏
  - 是 不是
  - 损坏的原因
    - 地震
    - 山崩
    - 雪崩洪水
    - 干旱
    - 火灾
    - 水损
    - 生物的
- 未知的状态

通用参数
- 覆盖度(%)
- 高度

时间参数
- 持续(一段)的时间
- 再生频率

(c) 特征(CH)的部分示例,详细信息见Amold et al., 2013

图1.10 EAGLE矩阵的3个部分

地理本体的核心是地理本体的构建、查询与推理方法。构建地理本体主要有两种手段：一是在地理信息科学领域专家的参与和指导下，采用本体构建工具进行人工构建；二是从地理数据库或数据文件中采用某种知识学习技术进行半自动至完全自动的方式构建。Janowicz（2012）认为本体的构建方法应从专家人为定义的自上而下开发数量较少的全局本体转变为数量较大的从观测数据自下而上由应用目的驱动的本地本体。地理本体推理是把隐含在显式定义和声明中的知识通过某种处理机制提取出来，它是计算机对本体知识理解的一种重要表现，主要包括专家规则推理、自动逻辑推理两种方法（顾海燕，2015）。

本体通过属性表达语义，本体概念的内涵由属性集描述，外延由概念的实例集合——地理实体描述。本体概念之间通过泛化-特例关系描述彼此之间的语义联系。国际上许多机构致力于研究和应用地理本体，已经出现了一些商用和免费的本体库，如 WordNet（http://wordnet. princeton. edu）、GeoNames（http://www. geonames. org）、SWEET（semantic web for earth and environmental terminology）（Digiuseppe et al.，2014），诸云强和潘鹏（2019）进行了详细总结。

在遥感领域，本体技术的应用还远没有 GIS 领域广泛。地表覆盖语义数据的特点是拥有丰富的实例和相对薄弱的模式，Arvor 等（2019）总结了本体在基于地理对象的图像分析（geographic object-based image analysis，GEOBIA）中的主要应用，并认为基于本体的数据集成可以增强遥感与生态学、生物学和城市学等其他学科的联系。

一直以来地表覆盖信息的获取主要依靠卫星、航空遥感影像数据。当前中、高分辨率地表覆盖制图聚焦于 GEOBIA 技术，一般框架为"影像分割-特征提取-对象分类"，该框架仍然属于数据驱动的模式识别范畴。目前地表覆盖分类方法主要应用人工智能技术实现，如深度学习（deep learning，DL）的方法可以高精度地识别某些类别，但是通常需要提供百万级标记的示例（Lyn et al.，2018；蔡博文等，2019；Tong et al.，2020）。考虑到视觉概念空间大、复杂而且动态，这种为每个概念构建大型数据集的方法是不可扩展的。一些学者提出"地理实体概念本体描述——遥感影像分类地理本体建模——地理本体驱动的影像对象分类"地理本体框架（顾海燕，2015），客观描述地理实体概念本体，构建遥感影像分类地理本体模型，研究本体驱动的影像对象分类方法，为遥感影像分类提供通用性整体框架。传统的图像语义特征的提取是以图像低层视觉特征为基础的，即首先提取图像的颜色、纹理、形状、轮廓等低层特征信息，然后寻找图像低层特征与高层语义的相关性，建立映射关系。

在 HarmonISA 项目（Hall，2006）中，采用本体表达了 CORINE 分类系统和奥地利 Realraumanalyse 土地利用分类系统的语义，在此基础上提出了语义相似度算法，根据语义相似性比较的结果，可以确定两个本体在语义上最相似的概念。实现了 CORINE 和 Realraumanalyse 间的数据的转换。崔巍（2004）将本体系统分为 3 层结构，即基本本体系统、领域本体系统和应用本体，将不同本体系统的概念用基本本体描述，为不同领域本体系统的集成和互操作奠定基础。Luo 等（2016）利用网络本体语言（web ontology language，OWL）建立地表覆盖分类的区域原型，对武汉市江夏区采集的资源三号（ZY-3）图像进行实验，认为本体作为一种知识组织和表示方法，有助于提高自动或半自动提取地表覆盖信息的效率，特别是对高分图像。

上述本体研究存在的问题之一是地表覆盖的分类往往采用单一传感器的影像数据，所能获得的信息量有限（朱凌等，2020）。Herold 等（2016）在展望全球地表覆盖数据在空间、专题和时间特性的发展趋势时，认为在当前地球观测数据丰富的时代，采用多数据源集成对改进全球地表覆盖产品是有益的。大数据时代，需要处理的数据源发生了根本的变化，随着 Web2.0 技术、GNSS 定位技术和网络通信技术的发展，这些来自大众的众源数据现势性高、信息丰富、成本低、量大，成为近年来的研究热点。智能手机具有高速通信、GNSS 定位、照相、定姿等功能。此外，Web 数据源、网络爬虫也是当前获取互联网数据的有效途径。另一个问题是以往地表覆盖本体研究只是零星的应用，对地表覆盖数据间的互操作没有形成系统的、综合的本体设计。随着越来越多的地表覆盖产品的研制，人们越来越认识到各种地表覆盖类语义的差异对协同利用这些资源构成巨大的障碍，但让不同领域的用户或专家统一地表覆盖产品的分类体系是不可能的。然而，这种语义异质性不应被误解为一种负担，地表覆盖类型是认知的产物，不单单来源于遥感观测（Janowicz，2010）。如何提供一种高效的数据管理与信息整合的途径、技术和方法，在保留地表覆盖各领域、各类别语义需求的基础上，利用数据集成、本体和语义技术，对多源、异构数据集成管理，成为迫切需要解决的难题。

目前需要从本体理论出发，针对地表覆盖语义的异构性问题，实现概念化、形式化明确表达不同应用领域、全球不同地区的地表覆盖本体，将本体语义表达与地表覆盖语义相连接，建立本体理论模型解决地表覆盖数据的分类及互操作问题。

1.3　本书结构

本书作为《全球地表覆盖产品更新与整合》一书的续篇，围绕全球地表覆盖时间序列更新、精度评价与整合介绍近年来地表覆盖制图领域的一些新发展。

本书第 2 章主要介绍深度学习方法在地表覆盖变化检测、分类中的应用，深度学习（DL）是机器学习（machine learning，ML）领域中一个新的研究方向，深度学习是学习样本数据的内在规律和表示层次，它的最终目标是让机器能够像人一样具有分析学习能力，能够识别文字、图像和声音等数据。深度学习是一个复杂的机器学习算法，在语音和图像识别方面取得的效果远远超过先前的相关技术。深度学习在地表覆盖领域的应用日益深入。

本书第 3 章介绍时间序列地表覆盖更新。由于卫星遥感观测具有重访性特点，迄今已经积累了大量的各种地表参数遥感时间序列产品，这些时间序列数据较为真实地反映了地表在一个长时间范围内的动态变化情况，地表覆盖时空动态变化趋势的研究对遥感学科及与之相关的各学科的发展有非常重要的意义。

针对以往地表覆盖分类产品精度存在的问题，提出了一种耦合生态地理分区专家知识和马尔可夫链地学统计模拟来提高地表覆盖分类产品精度的方法。首先，从网络上收集来源于各个渠道的验证点，并人工解译部分验证点作为补充形成样本数据集；将需要进行精度改善的地表覆盖分类产品作为辅助数据与生态地理分区专家知识共同作为辅助数据以供协同仿真。其次，样本数据集和辅助数据集生成转移概率图模型进行马尔可夫链序列协同仿真。最后，对仿真结果进行精度验证。结果表明，利用耦合生态地理分区和马尔可夫链地学统计模拟协同仿真的方法可以将 GlobeLand30 数据精度提高 10% 以上。生态地理分区耦合地学统计改善地表覆盖数据精度的内容在第 4 章介绍。

分类系统之间的差异可以通过一些主流的地表覆盖翻译系统得到解决。对于概念的定义需要通过特定的手段实现地表覆盖领域概念的知识共享，对地表覆盖产品的分类系统实现统一的概念化和形式化的客观描述，并实现地表覆盖整合领域的知识共享和重用。本书提出了一种基于本体的地表覆盖产品整合方法，该方法以混合本体方法为基础，以 EAGLE 矩阵元素作为共享词汇表，将多个局部本体中的概念通过共享词汇表进行连接和比较。将基于概念、属性和实例的本体映射相结合，得到异构地表覆盖产品之间的综合概念相似度，实现模式层的整合。基于本体的地表覆盖整合在第 5 章介绍。

第 6 章介绍了基于国产 GF-1 16m WFV 影像，采用"协同分割变化检测提取增量—生态地理分区知识库离线伪变化去除—在线众源伪变化标记—基准地表覆盖产品更新"的技术路线完成地表覆盖增量更新的过程与实例。

第2章　深度学习提取不透水面

城市化进程加快，导致以不透水面为主的地表覆盖类型逐渐取代了以植被等为主的地表覆盖类型，不透水面是指能够阻止水渗入土壤的地表覆盖类型。城市不透水面比例的增加会影像城市的植被、水体、和城市水质环境、地表热环境等，对生态环境的质量和人民的生活质量都产生负面影像。不透水面阻止雨水渗入土壤，会导致地表径流量增加，造成城市涝灾和地下水资源紧张；此外，不透水表面可能会导致城市热岛效应，改变城市生态系统，影响生物迁徙。不透水面是城市生态环境评价的主要元素和城市化的一个重要指标。

深度学习（DL）在图像分类、目标识别等领域中具有其独特的优势，能够自动学习图像深层特征信息进而做出分类决策。深度学习算法模拟人脑神经系统结构，搭建含有多个隐藏层的网络结构，采取逐层训练的方式，利用网络结构中大量复杂的参数，挖掘和分析原始数据中的深层次信息。随着遥感影像的大量获取和广泛使用，以及深度学习的不断发展，采用深度学习方法提取不透水层引起了广泛的关注。本章介绍了一种基于语义分割的不透水层提取方法。使用公开数据集与制作数据集作为实验数据，采用卷积神经网络（convolutional neural networks，CNN）结合迁移学习方法有效分割遥感影像中的地物信息，提取人工不透水层。

2.1　引　　言

2.1.1　不透水层提取研究背景与意义

自20世纪以来，伴随着全球工业化进程的加快和我国城市化水平的不断提高，城镇范围不断扩大，使周围农田、村庄中透水性较好的土地类型向透水性差的城市化用地转变，导致以植被覆盖区为主要组成部分的自然景观被城市发展的副产品人工建筑所取代。城市化的一个突出特征就是不透水面覆盖度的上升。不透水面（impervious surface，IS）是指一种阻止水分渗入下层地物的物质，主要包括自然不透水面（如裸岩）和人工不透水面，人工不透水面定义为如屋顶、沥青或水泥道路及停车场等具有不透水性的地表面（Arnold and Gibbons，1996）。不透水面覆盖度（impervious surface percentage，ISP）是指单位面积地表中不透水面面积所占的百分比，是城市生态环境评价的主要元素和城市人民生活水平的一个重要指标，被广泛应用于城市土地利用分类、城市人口密度评估、城市规划、城市环境评估、热岛效应分析及水文过程模拟等研究中（李玮娜，2013）。城市道路和楼房的增加，导致以植被和水体覆盖区为主的自然景观面积逐渐减少，同时也引发了城市热岛效应，洪涝灾害及水质变化等环境因子的改变，使城市生态系统遭到破坏。因此，快速准确地确定不透水面信息,对实时监测城市化进程,分析城市扩张,监管城市地区的气候、环境、水文等具有重要意义。

深度学习技术为遥感影像分割领域提供了一种新的研究方向,基于人工智能算法的遥感影像分割方法推动影像分类技术向着智能化、自动化方向发展。深度学习是一种深层次结构的网络模型,相比于一些浅层结构模型,深度学习模型可以利用大量复杂的参数更好地拟合遥感影像特征信息、挖掘原始数据深层次信息,使用端对端的训练方式,减少人为干扰,提高影像的分类精度。深度学习技术在图像处理领域取得了较为优秀的研究成果,许多研究人员将深度学习技术应用于遥感影像分割当中,并得到许多分割效果较为理想的深度学习模型。

2.1.2　不透水面提取研究现状

城市不透水面是城市基质景观和地表覆盖的典型特征,其通过影响水热交换带来了热岛效应、城市内涝、地表下沉、流域水环境恶化等一系列生态环境问题。不透水面的体量大小、位置、几何形状和空间格局,以及透水–不透水比率在城市化进程及环境质量评估中具有重要的意义。随着全球经济快速发展,各国都在经历快速城镇化的过程,城市扩张导致不透水面占比迅速上升。各个国家政府机构及国际相关组织一直致力于利用遥感技术研究全球或区域的不透水面及其变化信息,获得不透水面数据集,以便更精确地预测未来城市扩张的趋势和影响。

遥感是获取大范围不透水面数据集的唯一有效手段。文献研究表明,大约在世纪之交,遥感界对不透水层的研究才迅速兴起。2005 年以来,卫星数据的免费获取使全球范围人工不透水面制图成为可能。最初是利用夜光遥感数据绘制 1km 分辨率全球不透水面,利用中分辨率成像光谱仪(moderate-resolution imaging spectroradiometer, MODIS)数据绘制250 ~ 500m 分辨率全球不透水面,后期发展到利用陆地卫星(Landsat)数据获得 30m 分辨率和哨兵(Sentinel)数据获得 10m 分辨率全球不透水面。现有 6 种全球 30m 分辨率不透水面产品,分别为 GlobeLand30、FROM- GLC、NUACI、HBASE、GHSL 和 MSMT_RF。全球不透水面数据在空间分辨率、时间分辨率和产品精度方面不断提升,其中精度最高的为 95.1%(MSMT_RF)。Gong 等(2020)利用谷歌地球引擎(GEE)平台,制作了自1985 年起每年的全球 30m 分辨率人工不透水面数据集。由于干旱和半干旱地区人工不透水面容易与裸地混淆,在干旱区除了 Landsat 影像,还增加了可见光红外成像辐射计套件(VIIRS)夜间光(NTL)数据和 Sentinel-1 SAR 数据。Liu 等(2018)基于 GEE 平台,结合 Landsat 8 卫星 OLI 光学图像、Sentinel-1 SAR 图像和 VIIRS NTL 图像,生成 2015 年分辨率为 30m 的全球不透水面图。光学图像可以捕捉表面的反射特性,而合成孔径雷达(SAR)图像可以用来提供表面材料的结构和介电特性的信息。此外,NTL 图像可以检测人类活动的强度,从而提供不透水表面发生的重要先验概率。

不透水面在遥感影像上表现出高度的光谱异质性,高反射率不透水表面易与耕地、裸地混淆;低反射率不透水面易与城市水体混淆。Zhang 等(2014)认为仅使用光学遥感图像很难精确绘制不透水面。Liu 等(2018)的研究结果表明对于不透水面提取,Sentinel-1

SAR 特征（VV 和 VH）在大多数区域对最终决策的贡献最大，因为 SAR 图像可以提供有关表面材料结构和介电特性的信息；其次是 Landsat SR 的蓝、绿、红和 SWIR2 波段，以及相应的 NDVI 和归一化水指数（normalized difference water index，NDWI）。Jensen 和 Cowen（1999）解释了城市制图的最低光谱分辨率要求，讨论主要集中在多光谱图像数据上。他们认为，在城市制图中，空间分辨率比光谱分辨率更重要；从可见光到近红外、短波红外和微波的光谱适用于分类分辨率较粗的土地利用和土地覆盖（land use-land cover，LULC）分类；SWIR 区域最适合区分不同的城市特征，特别是在分离不同类型的不透水表面方面；多时相信息可以解决不同地理区域的季节变化问题。Sun（2017）得出结论，生长季节是温带大陆性气候区不透水面测绘的最佳时间，Zhang 等（2014）发现冬季（旱季）是估算亚热带季风区不透水面的最佳季节。不透水表面通常位于平坦区域，Clarke 等（1997）分析了地形变量［坡度、坡向和数字高程模型（digital elevation model，DEM）］对山区不透水表面测绘的贡献，DEM 对于精确绘制山区不透水表面是必不可少的。

目前，获取不透水层的方法主要分为三类，光谱混合分析方法、基于光谱指数的方法和图像分类方法。光谱混合分析方法在具有高密度不透水表面的区域会产生低估，而在具有低密度不透水表面的区域会产生高估，此外识别一个合适的端元能表示所有类型的不透水表面时会有困难。基于光谱指数的方法简单易行，但很难找到从裸地和植被像素中分离不透水像素的最佳阈值。图像分类方法是提取不透水表面的常用方法之一，但由于中分辨率图像空间分辨率的限制和城市景观的异质性，分类结果往往不尽如人意。在 1995 年，Ridd（1995）通过对城市的地表覆被组成进行分析，得出城市地表覆被除水体外，由植被、不透水面和土壤 3 种基本组分组成，构建了城市地表覆被的 V-I-S（vegetation-impervious-soil）模型。利用 V-I-S 模型提取不透水面信息成为常见方法之一。随着遥感卫星图像的出现和商业软件的出现，基于对象的图像分析（object-based image analysis，OBIA）在遥感应用中得到了越来越多的应用。然而，大多数分割技术对于光谱复杂的环境不够鲁棒，这使得它们不太适合城市分类。

随着计算机技术的发展及遥感大数据时代的来临，传统的分类方法无法满足海量遥感数据的要求，无法充分发挥高分辨率遥感影像的优势。深度学习技术在图像处理领域中取得优异的成果，国内外专家将一系列深度学习模型如深度置信网络、卷积神经网络等模型应用于遥感影像分类研究中，推动遥感影像分类技术向着自动化、智能化的方向发展。

深度学习已经成为机器视觉领域应用中最为广泛的技术方法（罗元等，2020），在图像处理、无人驾驶、语音识别、医学应用、信号转换，以及其他多个方向都取得了突破性成果。深度学习使机器模仿人脑的思考方式，将数据由浅到深的逐层分析，是一种以数据表征为主的学习算法，它是基于非线性的多层复杂网络，将输入信号通过深度抽象的特征进行表达，一个充分训练的深度网络拥有很强的泛化性，在复杂多变的自然数据上具有很好的识别预测能力。

2.2　深度学习概述

深度学习的概念来源于对人工神经网络（artifical neural networks，ANN）的研究，它是人工神经网络的一个重要组成部分。在 1943 年，美国数学家 Pitts 和心理学家 McCulloch 首次引入人工神经网络的概念（周开利和康耀红，2005）。1949 年，D. Olding Hebb 首次提出了神经元数学表达及人工神经网络学习规则（孙志军等，2012）。1957 年，Rosenblatt（1958）提出感知器的模型及用 Hebb 或者最小二乘算法训练感知器的理论。1980 年，Hinton 将单层结构的感知器替换为包含多个隐藏层的深层结构，其中最早的深度学习模型就是具有代表性的多层感知器（刘建伟等，2014）。1984 年，神经感知机的概念由福岛邦彦提出。1998 年，LeCun 提出了至今被众学者研究的深度学习常用的卷积神经网络（周飞燕等，2017）。2012 年后，迎来了深度学习的爆发期，多种深度学习网络不断涌现，如 AlexNet（Krizhevsky *et al.*，2012）、VGGNet（Simonyan and Zisserman，2014）、GoogLeNet（Szegedy *et al.*，2015）等经典模型，且均取得了一流结果，这些网络都具有很强的特征提取能力，能够自主地对输入数据的抽象特征进行学习，而不需要人为提取这些复杂的特征，具有强大的自适应能力。深度学习算法有效解决了遥感影像数据量大、信息复杂、信息提取难度高等难题，对于城市不透水面提取，环境和水文研究具有十分重要的理论意义和实际应用价值。

深度学习（DL）是机器学习（ML）的一个重要分支，是由早期人工神经网络（ANN）进化而来。人工神经网络是最早于 20 世纪 40~60 年代间人类期望模拟自然生物大脑神经网络机理而设计的。人工神经网络模型中最基本的组成单元是感知器模型，感知器模型是模仿生物神经元而来，被称为人工神经元（宋光慧，2017）。该模型接受多个输入，通过对输入的计算产生一个输出。图 2.1 为感知器模型结构图。

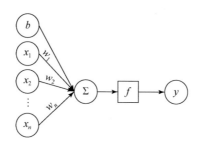

图 2.1　感知器模型结构图

图 2.1 中，x_1，…，x_n 为感知器的输入；b 为偏置单元；w_1，…，w_n 为感知器输入信号的权重；f 为激活函数；y 为感知器输出。其计算公式如下：

$$y = \sum_{i=1}^{n} w_i \cdot x_i + b \tag{2.1}$$

感知器模型的设计只有一个输出，但有时我们需要解决的实际问题需要输出多个输出值，为此，研究人员对感知器模型进行改进，提出感知机模型。感知机模型通过对多个感知器模型进行叠加，实现了多个输出（Minsky and Papert，1991）。图 2.2 为感知机模型结构图。

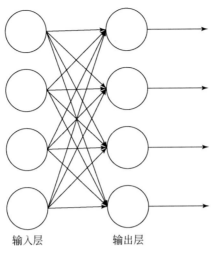

图 2.2　感知机模型结构图

由于感知机模型是一种线性模型，对于非线性问题（如异或问题）的求解就显得束手无策，这严重限制了感知机模型的广泛应用（He *et al.*, 2016）。针对感知机模型无法求解非线性问题的缺陷，研究人员提出多层感知机模型。图 2.3 为一多层感知机模型，该模型是在感知机模型的基础上添加一层或几层隐藏层而得到的，此时的模型就具备了求解非线性问题的能力。早期的"人工神经网络"一般就是指多层感知机模型。多层结构使得神经网络可以拟合更为复杂的特征，求解更为复杂的现实问题。

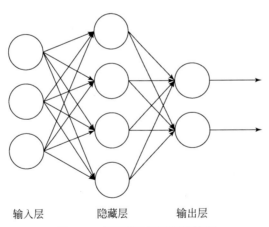

图 2.3　多层感知机模型结构图

自 20 世纪 80 年代多层神经网络及反向传播算法提出以来，由于当时计算硬件计算性能的制约，多层神经网络难以训练，神经网络的发展也处于了停滞阶段。进入 21 世纪，由于拥有超强图形计算能力的图形处理器（GPU）的出现，多层神经网络的训练变得容易，其多层特征提取和强大的拟合能力得以发挥，并且在多种图形任务中取得了优异的成绩，使得神经网络的研究又进入了新的热潮。相比于 20 世纪的神经网络，此时的神经网络主要具备以下几个特点：

（1）深度越来越深。隐藏层的特征提取能力使得越深的网络具有更为强大的拟合能力，神经网络已经从最初的 5 层 LeNet-5 网络发展到如今 100 多层的 ResNet-152（Hinton et al.，2006），并且层数还在增加。更深的网络深度能够学习到原始输入更深层次的特征，这正是"深度学习"一词的含义（Hinton et al.，2012）。

（2）宽度越来越宽。隐藏层每一神经元都是对上层输入的综合及提取，深度越深的神经元则是表征更高级的特征（LeCun et al.，2014）。为了使同一层网络能够涵盖同一等级下更多类型的特征，神经网络的中间隐藏层会设置更多的神经元来实现多特征的提取任务。

（3）训练数据需求量越来越大。由于神经网络的深度越来越深，宽度越来越宽，随之而来的就是网络参数越来越多。这些参数是深度神经网络强大拟合能力的根本，但参数量越大，对训练数据量的要求也越来越大。否则，会产生严重的过拟合现象（杨彬，2019）。

综上所述，深度学习是一种监督学习算法，构建深层神经网络，通过大量的训练样本在一定的参数更新策略下不断迭代更新网络参数，使得网络模型能够有效地提取和表征深层特征，完成复杂的特征映射任务。

2.2.1　卷积神经网络

卷积神经网络（CNN）是为识别二维图像数据而专门设计的一种多层感知器的结构，同时也是第一个真正意义上能够成功训练多层网络模型的自动学习算法。CNN 这种网络结构主要是针对图像处理而设计的，其主要特点是：当前卷积层所提取的特征可以由前一网络层的局部特征通过共享权重的方式经过卷积计算来获取，对伸缩、平移和倾斜等其他图像形变具有高度的不变性（LeCun and Bottou，1998）。

如图 2.4 所示，CNN 的主要结构是由输入层、卷积层、池化层、全连接层及最后的输出层所组成（LeCun and Bottou，1998）。在 CNN 中，图像输入后经过多个卷积操作和池化操作进行特征捕获，逐步将低层次的粗糙特征转变为高层次的精细特征。高级特征经过全连接层和输出层后会对各个像素进行分类，最后用一组一维向量来代表当前被输入图像的所属类别。因此，按照各网络层的功能进行划分，CNN 的输入层、卷积层和池化层主要负责进行图像特征提取，得到初级图像特征，而全连接层和输出层则构成像素分类器，为图像中的像素进行分类。

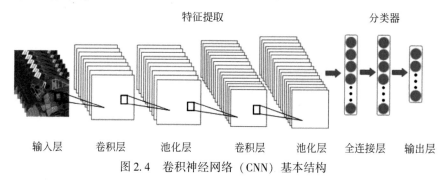

图 2.4　卷积神经网络（CNN）基本结构

由于上述结构的特点，CNN 在处理图像数据时具有非常独特的优势，是目前利用深度学习技术进行图像语义分割的主流方法。在过去的数年中，一些研究者们一直在尝试着利用各种类型的深度卷积神经网络（deep convolutional neural networks，DCNN）进行语义分割（image semantic segmentation，ISS）。

1. 卷积层

卷积层是神经网络中的"特征计算器"，实现了神经网络对原始输入层提取特征的功能。图 2.5 为一卷积操作示意图，卷积核为一滑动窗口，窗口内每一单元为权重值，卷积核按预设步长值在输入图像上进行滑动，并计算输入图像对应窗口内像素的加权和，该值将作为输出特征图对应位置的像素值。由于卷积层卷积核的权值共享机制使得针对某一输入，一个卷积核只能提取到一张特征图，难以将输入的各类不同特征全部涵盖，此时，可以在此层设置多个卷积核，每个卷积核计算输入的某一类特征，实现将输入所蕴含的特征信息尽可能多地提取出来。在卷积神经网络中，一层卷积层计算出的特征图将作为下一层卷积层的输入，以此来提取更高层次的特征。如图 2.5 所示，将各个位置上滤波器的元素和输入对应元素相乘，然后再求和（有时将这个计算称为乘积累加运算）。然后将这个结果保存到输出的对应位置。将这个过程在所有位置都进行一遍，就可以得到卷积运算的输出。

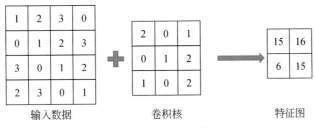

输入数据　　　　　　卷积核　　　　　　特征图

图 2.5　卷积操作示意图

2. 池化层

尽管卷积神经网络中采用了局部连接和权值共享的设计来降低网络模型中的参数个数，但是当网络层数加深或者需要提取更多的特征图时，网络参数量还是会不可避免地增加，这将严重减缓神经网络的训练速度。必须引入新的设计来进一步减少网络参数量。研究人员根据原始输入图像和提取的特征图相邻区域均具有极强的空间相关性的特性在卷积神经网络中加入了池化（pooling）操作。池化本质上是一种降采样操作，实现对特征图邻域信息进行聚合，减小特征图尺寸从而减少参数量。

池化层一般连接于每层卷积层之后，实现对卷积层输出特征图的信息聚合。池化操作一般过程为池化窗口按一定的步长不重叠地在输入特征图上进行滑动，并按一定的策略对池化窗口内的像素信息进行聚合。池化策略主要有最大池化（max pooling）策略和平均池化（average pooling）策略。最大池化是指信息聚合时用窗口内最大的像素值代替窗口内整体像素值，平均池化则是在信息聚合时用窗口内的平均像素值代替窗口内整体像素值。如图 2.6 所示，进行将 2×2 的区域集成约 1 个元素的处理，缩小空间大小。

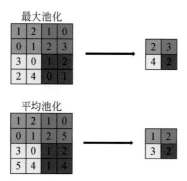

图 2.6　池化操作示意图

3. 激活函数

卷积操作是一种对卷积窗口内像素值的加权求和操作，是一种线性运算。因此，只能表达相对简单的映射关系。有时，面对复杂的任务场景，需要特征与输入是复杂的映射，此时，对特征的计算就需要非线性函数的参与，这些非线性函数被称作激活函数。激活函数一般连接于卷积层或全连接层之后，用于将线性特征映射为更复杂的非线性特征。激活函数使得神经网络拥有了复杂模型的建模能力。常见的激活函数主要有 sigmoid 函数、tanh 函数、ReLU 函数及 ReLU 函数的变种函数。

图 2.7 为 sigmoid 函数示意图，函数曲线为一渐进于 0 和 1 的单调可微的 S 型曲线。

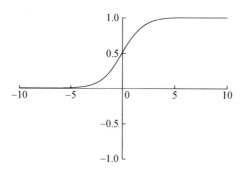

图 2.7　sigmoid 函数示意图

其计算公式为

$$\text{sigmoid}(x) = \frac{1}{1+e^{-x}} \tag{2.2}$$

在神经网络的发展初期，sigmoid 函数被广泛地采用为激活函数。sigmoid 函数（0，1）的输出区间一方面使得进入网络下一层的数据得到了归一化，归一化使得网络参数在进行梯度下降更新时能够快速地下降极小值，加速了神经网络的训练速度；另一方面，输出均值不为 0，且恒大于 0，会使得参数更新持续向正向或负向更新，干扰收敛效果。此外，sigmoid 函数在接近于渐近线处的导数接近于 0，一旦输入值落入该区间，会导致激活函数输出接近于 0，由于神经网络参数更新采用链式求导反向传播算法，这会导致网络浅层参数更新梯度无限接近于 0，下降速度缓慢，更新困难，这种现象被称为梯度消失。研究证明，当神经网络层数大于 5 层时，就不可避免的会产生梯度消失现象。

图 2.8 为 tanh 函数示意图，函数曲线为一渐进于–1 和 1 的单调可微的 S 型曲线。

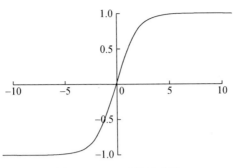

图 2.8　tanh 函数示意图

其计算公式为

$$\tanh(x) = \frac{e^x - e^{-x}}{e^x + e^{-x}} \tag{2.3}$$

tanh 函数的输出区间为（–1，1），均值为 0，这克服了 sigmoid 函数参数持续同一方向更新的不足。但是，由于其渐进于–1 和 1，梯度消失问题依然没有得到解决。

图 2.9 为 ReLU 函数示意图，函数为（–∞，0）区间恒为 0，（0，+∞）区间为 $y = x$ 的分段函数。

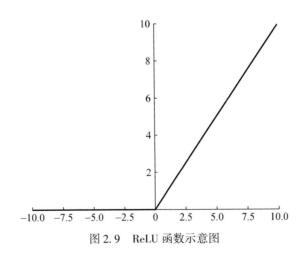

图 2.9　ReLU 函数示意图

其计算公式为

$$\mathrm{ReLU}(x) = \begin{cases} x, & (x > 0) \\ 0, & (x \leqslant 0) \end{cases} \tag{2.4}$$

相比于 sigmoid 函数和 tanh 函数，ReLU 函数的求导公式十分简洁且不涉及除法，在反向传播过程中可以使得计算速度大幅提高，加速神经网络训练过程。同时，激活函数输入为正时，输出梯度恒为 1，有效解决了 sigmoid 函数和 tanh 函数的梯度消失问题。在神经网络发展的历史上，sigmoid 函数很早就开始被使用了，而最近则主要使用 ReLU 函数。由

图 2.9 和式（2.4）可知，ReLU 函数是一个非常简单的函数。

4. 全连接层

卷积神经网络经多层卷积池化操作后得到一组数量很大、尺寸很小的特征图，该组特征图为神经网络对原始输入提取到的高级分布式特征，而全连接层的作用则是实现将提取的分布式特征进一步提取融合，映射为信息量更为精简的特征向量。为了实现对输入图像的分类任务，一般需在卷积神经网络末端连接一至多层全连接层，最终映射为长度与类别数相同的特征向量。完成了特征向量的提取之后，卷积神经网络在特征向量之后连接分类器完成对输入图像的分类任务。常用的分类器为 Softmax 分类器，该分类器将特征向量映射为类别概率向量，类别概率向量长度与类别数相同，向量每一位置的值为一（0，1）的概率值，表示输入图像隶属于该类别的概率。网络最后根据类别概率向量中概率最大的类别输出输入图像的类别。

Softmax 分类器的计算公式为

$$p_i = \frac{e^i}{\sum_j e^j} \tag{2.5}$$

式中，e^i 为特征向量中第 i 个元素的值；j 为特征向量的长度；p_i 为类别概率向量第 i 个元素的值，也就是图像属于第 i 类的概率。

5. 损失函数

不论是机器学习还是深度学习哪种模型，定义模型之后，我们都是通过损失函数衡量模型预测的好坏。损失函数就是用来量化模型预测和真实标签之间的差异。深度学习里常用的损失函数总体来说可以分为 3 种：

（1）以回归为主，均方根误差（mean square error，MSE）等。回归问题不是要解决一个分类问题，而是预测任意一个实数的具体数值。回归问题的神经网络最后一层一般是一个作为预测值的输出节点。回归问题常用的损失函数是均方根误差函数。它的定义如下：

$$MSE(y, y') = \frac{\sum_{i=1}^{n} (y_i - y'_i)^2}{n} \tag{2.6}$$

式中，y 为第 i 个数据的真实值；y' 为神经网络给出第 i 个的数据预测值

（2）以分类为主，Softmax 交叉熵。熵就是对信息量求期望值。

$$H(X) = -\sum_{x \in X} p(x) \log p(x) \tag{2.7}$$

Softmax 函数是将神经网络得到的多个值，进行归一化处理，使得到的值在 [0，1]，让结果可以看作是概率，某个类别概率越大，将样本归为该类别的可能性也就越高。

$$a_i = \frac{e^{z_i}}{\sum_k e^{z_k}} \tag{2.8}$$

Softmax 交叉熵损失函数是目前卷积神经网络中最常用的分类目标损失函数。其中，a_i 为神经元的输出也可以作为预测结果；y_i 为第 i 个类别的真实值。

$$L = -\sum y_i \text{lin} a_i \tag{2.9}$$

（3）KL 散度、JS 散度等。KL 散度（Kullback-Leibler divergence，又称相对熵）用于比较两个概率分布的接近程度，常用于深度学习中的生成模型，如生成对抗网络（generative adversarial networks，GAN）、变分自编码器（variational auto-encoder，VAE）等。

当 p 分布是已知，KL 散度和交叉熵则是等价的。

$$\mathrm{KL}(p \parallel q) = \sum_{i=1}^{N} p(x_i) \log \frac{p(x_i)}{q(x_i)} \tag{2.10}$$

JS 散度（Jensen-Shannon divergence）是 KL 散度的一种变形。JS 散度的值域范围是 $[0, 1]$，相同则是 0，相反为 1。相较于 KL 散度，JS 散度对相似度的判别更确切了，并且具有对称性，可以理解为标准化的 KL 散度。

$$\mathrm{JS}(p \parallel q) = \frac{1}{2}\mathrm{KL}\left(p(x) \parallel \frac{p(x)+q(x)}{2}\right) + \frac{1}{2}\mathrm{KL}\left(q(x) \parallel \frac{p(x)+q(x)}{2}\right) \tag{2.11}$$

6. 前向和反向传播算法

网络处理输入信号的计算方式如式（2.12）所示，权重和偏置是决定网络效果好坏的重要参数，在训练过程中需要不断对参数进行优化调整，这就涉及网络的前向和反向传播。

$$y_k = \varphi\left(b_k + \sum_{i=1}^{N}(x_m * w_{km})\right) \tag{2.12}$$

式中，x_m 为输入信号；k 为神经元，m 个输入信号同时传入神经元 k；w_{km} 为连接输入信号 x_m 与神经元 k 的权重值；b_k 为偏置值，表示的是神经元内部的状态；$\varphi(\cdot)$ 为激活函数；y_k 为该神经元的输出。

前向传播分为两步：第一步是对输入进行线性运算，即加权求和，如式（2.12）所示括号内部分所示；第二步则是非线性运算，即利用激活函数对线性运算结果进行计算，见式（2.12）中的 $\varphi(\cdot)$。反向传播则是采用复合函数求导的链式法则计算梯度，通过随机梯度下降算法、拟牛顿法等优化算法对每层的权重和偏置进行调节（谢锦莹，2019）。具体过程以图 2.10 为例。

w_j^{li} 为第 l 层上的第 j 个神经元与下一层第 i 个神经元输入的对应权重；In_j 为第 j 个神经元的输入；Out_j 为第 j 个神经元的输出；b_j^l 为第 l 层上的第 j 个神经元的偏置。

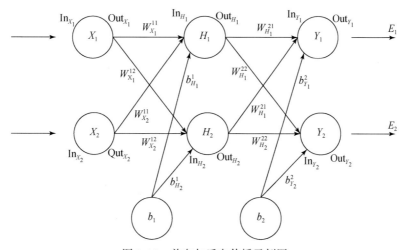

图 2.10　前向与反向传播示例图

1）前向传播

前向传播的步骤具体如下：

（1）对于 H_1 节点，其输入为 X_1 与 X_2 两个神经元分别与对应的权重相乘加上相对应偏置得到，即

$$\text{In}_{H_1} = \text{Out}_{X_1} \cdot W_{X_1}^{11} + \text{Out}_{X_2} \cdot W_{X_2}^{11} + b_{H_1}^1 \tag{2.13}$$

（2）得到 Out_{H_1} 后，通过非线性函数计算得到 Out_{H_1}，这里以 sigmoid 函数作为非线性函数，即

$$\text{Out}_{H_1} = \text{sigmoid}(\text{In}_{H_1}) \tag{2.14}$$

（3）对于 Y_1 节点，计算过程同上，得到 Out_{Y_1}。

（4）对 Out_{Y_1} 和目标结果计算差方损失函数得到损失值 E_1，即

$$E_1 = \frac{1}{2}(\text{Out}_{Y_1} - \text{target})^2 \tag{2.15}$$

（5）其他节点计算同上。

2）反向传播

反向传播是上述步骤的逆向过程，对于节点 H_1，其误差为

$$E_{H_1} = \frac{W_{H_1}^{21}}{W_{H_1}^{21} + W_{H_2}^{21}} E_1 + \frac{W_{H_1}^{22}}{W_{H_1}^{22} + W_{H_2}^{22}} E_2 \tag{2.16}$$

对于节点 H_2 的误差同理也由两部分误差加和求得。

首先，对 $W_{H_1}^{21}$ 进行参数更新，由前向传播可得

$$E_1 = \frac{1}{2}(\text{Out}_{Y_1} - \text{target})^2$$

$$\text{Out}_{Y_1} = \text{sigmoid}(\text{In}_{Y_1})$$

$$\text{In}_{Y_1} = \text{Out}_{H_1} \cdot W_{H_1}^{21} + \text{Out}_{H_2} \cdot W_{H_2}^{21} + b_{Y_1}^2 \tag{2.17}$$

则误差 E_1 对 $W_{H_1}^{21}$ 求偏导，得

$$\frac{\partial E_1}{\partial W_{H_1}^{21}} = \frac{\partial E_1}{\partial \text{Out}_{Y_1}} \cdot \frac{\partial \text{Out}_{Y_1}}{\partial \text{In}_{Y_1}} \cdot \frac{\partial \text{In}_{Y_1}}{\partial W_{H_1}^{21}}$$

$$= (\text{Out}_{Y_1} - \text{target}) \cdot \text{Out}_{Y_1} \cdot (1 - \text{Out}_{Y_1}) \cdot \text{Out}_{H_1} \tag{2.18}$$

对偏置 $b_{Y_1}^2$ 求偏导，得

$$\frac{\partial E_1}{\partial b_{Y_1}^2} = \frac{\partial E_1}{\partial \text{Out}_{Y_1}} \cdot \frac{\partial \text{Out}_{Y_1}}{\partial \text{In}_{Y_1}} \cdot \frac{\partial \text{In}_{Y_1}}{\partial b_{Y_1}^2}$$

$$= (\text{Out}_{Y_1} - \text{target}) \cdot [\text{Out}_{Y_1} \cdot (1 - \text{Out}_{Y_1})] \cdot 1 \tag{2.19}$$

同理可得该层其他权重、偏置的偏导。

对 $W_{X_1}^{11}$ 进行参数更新，由前向传播得

$$E_1 = \frac{1}{2}(\text{Out}_{Y_1} - \text{target})^2$$

$$\text{Out}_{Y_1} = \text{sigmoid}(\text{In}_{Y_1})$$

$$\text{In}_{Y_1} = \text{Out}_{H_1} \cdot W_{H_1}^{21} + \text{Out}_{H_2} \cdot W_{H_2}^{21} + b_{Y_1}^2$$

$$\text{Out}_{H_1} = \text{sigmoid}(\text{In}_{H_1})$$

$$\text{In}_{H_1} = \text{Out}_{X_1} \cdot W_{X_1}^{11} + \text{Out}_{X_2} \cdot W_{X_2}^{11} + b_{H_1}^1 \tag{2.20}$$

则误差 E_1 对 $W_{X_1}^{11}$ 求偏导，得

$$\frac{\partial E_1}{\partial W_{X_1}^{11}} = \frac{\partial E_1}{\partial \text{Out}_{Y_1}} \cdot \frac{\partial \text{Out}_{Y_1}}{\partial \text{In}_{Y_1}} \cdot \frac{\partial \text{In}_{Y_1}}{\partial \text{Out}_{H_1}} \cdot \frac{\partial \text{Out}_{H_1}}{\partial \text{In}_{H_1}} \cdot \frac{\partial \text{In}_{H_1}}{\partial W_{X_1}^{11}}$$

$$= (\text{Out}_{Y_1} - \text{target}) \cdot [\text{Out}_{Y_1} \cdot (1 - \text{Out}_{Y_1})] \cdot W_{H_1}^{21} [\text{Out}_{H_1} \cdot (1 - \text{Out}_{H_1})] \cdot \text{Out}_{X_1} \tag{2.21}$$

同理可得其他权重的偏导。

得到每个参数的偏导数之后，代入梯度下降公式（2.22）就可更新权重与偏置，其中 η 是学习率。

$$w^+ = w - \eta \frac{\partial E}{\partial W}$$

$$b^+ = b - \eta \frac{\partial E}{\partial b} \tag{2.22}$$

7. 减少过拟合的方法

过拟合（overfitting）常在训练数据不够或者过度训练的情况中出现，表现为随着训练的进行，模型的复杂度逐渐增加，在训练数据集（training data）上的错误率不断减小，但在验证集（validation data）上错误率反而逐渐增大，这就是因为网络此时已经对训练集上的数据过拟合了，反而导致对除训练集以外的数据处理效果更差。常用解决该现象的方法有以下几种：①增加数据集：数据对网络的训练非常重要，在深度学习方法中，训练数据越多，就表示可以用越深的网络训练出更优的模型，因此常在训练数据不够的情况下对数据进行翻转、旋转等操作以增加数据量。②提前终止：顾名思义，提前终止就是在验证集上的错误率还未开始增大之前，也就是模型过拟合之前，就终止训练。事实上，提前终止也属于正则化方法的一种。③随机失活（dropout）：通过随机删除一部分隐层单元，即随机将一部分神经元权重设为 0，让该部分神经元失效，这样就可以起到缩减参数量的作用，避免过拟合。④正则化：对学习算法进行修改，目的在于减少模型泛化误差。常见的有 L1 正则化与 L2 正则化，具体细节如下：

（1）L1 正则化：

$$E = E_0 + \frac{\lambda}{n} \sum_w |w| \tag{2.23}$$

式中，E_0 为原始的损失函数，计算导数后得

$$\frac{\partial E}{\partial W} = \frac{\partial E_0}{\partial W} + \frac{\lambda}{n} \text{sgn}(w) \tag{2.24}$$

则权重更新为

$$w' = w + \frac{\eta \lambda}{n} \text{sgn}(w) - \eta \frac{\partial E_0}{\partial W} \tag{2.25}$$

当 w 为正，则更新后的权重变小；当 w 为负，则更新后的权重变大，以此减小网络复

杂度，避免过拟合。

（2）L2 正则化，又称权重衰减（weight decay）：

$$E = E_0 + \frac{\lambda}{2n} \sum_w w^2 \qquad (2.26)$$

式中，E_0 为原始的损失函数；$\frac{\lambda}{2n} \sum_w w^2$ 为 L2 正则化项，即权重向量 w 中各元素平方和，$\frac{\lambda}{2n}$ 为与后面求导结果对应通常取 $\frac{1}{2}$。L2 正则化是如何避免过拟合具体过程如下：

首先求导，得

$$\frac{\partial E}{\partial W} = \frac{\partial E_0}{\partial W} + \frac{\lambda}{n} w \qquad (2.27)$$

由式（2.27）可得 L2 正则化对偏置的更新不产生影响，有影响的是权重。

$$w' = w - \frac{\eta\lambda}{n}w - \eta\frac{\partial E_0}{\partial W} = \left(1 - \frac{\eta\lambda}{n}\right)w - \eta\frac{\partial E_0}{\partial W} \qquad (2.28)$$

由式（2.28）与式（2.22）可知加入 L2 正则化后，w 前面系数由 1 变为 $1 - \frac{\eta\lambda}{n}$，从而达到了减小 w 的作用。

2.2.2 语义分割

语义分割（ISS）这个概念由 Ohta 等首次提出，可将其概括为：对图像中的每一个像素进行分类，用一个预先给定好的标注来表示像素的语义类型。ISS 在图像分割的基础上对图像中的目标和前景加上一定的语义信息或语义标签，根据图像本身的纹理、上下文和其他深层语义特征来得出图像本身需要表达的信息，其本质上还是一个图像分割问题（Csurka and Perronnin，2011）。

普通的图像分割往往根据图像的颜色、纹理等进行区域划分，分割时没有语义标注，不知道分割出的物体是何种类，而 ISS 基于一个特定的语义分割单元并使用语义标注进行辅助分割，可以清楚地知道分割出来的何种类型的物体（周莉莉和姜枫，2017）。最初，语义分割只被用于处理二维平面图像，经过多年发展，图像语义分割技术不断提高，其处理范围已经拓展到点云、三维图像和视频等数据，并且在工业自动化、智能汽车、虚拟现实、机器视觉、人机交互、视频监控和星际探索等不同领域都有广泛的应用，为人们的日常生活提供各种各样的便利。

语义分割可以理解为像素级别的分类任务，通过为每个像素指定一个已经定义好的类别集合中的其中一个对象类别，其能够得到与输入图像大小相同的二维分割标签图。语义分割有助于提供详细的场景理解输出，如图 2.11 所示。

语义分割能够表达物体形状、结构，其能够结合目标检测和分类的作用定位对象位置及对象类别。若要实现高精度语义分割需要准确表达图像内容的局部特征，目前语义分割的主要挑战是如何在保证空间分辨率的同时实现高精度分类，即实现对象位置信息和识别精度之间的平衡。在本章中将尝试利用深度学习模型来解决语义分割任务，并将整个语义

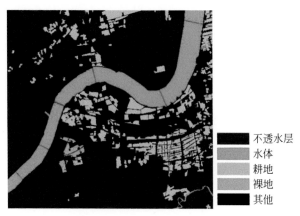

不透水层
水体
耕地
裸地
其他

图 2.11　语义分割输出示例图

分割过程统一为一个可训练的端到端系统。

2.2.3　网络模型搭建

1. 全卷积网络模型

全卷积网络（fully convolutional networks，FCN）是 Jonathan Long 等在 2015 年提出的，它是深度学习技术上第一个实现像素级别预测的端到端的网络。FCN 不同于 CNN 的部分体现在 FCN 在卷积层提取特征后，连接的依然是卷积层，而 CNN 连接的是全连接层。为了减少上采样过程特征图的粗糙现象，FCN 采用了跃层结构，将下采样过程的浅层位置信息与深层的语义信息通过相加的方式进行融合，对结果进行优化。FCN 可以对图像中的每个像素点都产生一个预测结果，并且输出一个与输入图像大小一致的预测图。在上采样阶段，采用一种可训练的双线性插值上采样方法进行上采样。FCN 通常以现有网络模型结构（AlexNet、VGGNet 和 GoogLeNet）进行特征提取，其中 VGGNet 效果最好。FCN 可以根据任意尺寸的输入数据预测输出，它的参数更新是通过正、反向传播计算一次执行的。

FCN 的思想很直观，即直接进行像素级别端到端（end-to-end）的语义分割，它可以基于主流的深度卷积神经网络（DCNN）模型来实现。正所谓"全卷积网络"，在 FCN 中，传统的全连接层 fc6 和 fc7 均是由卷积层实现，而最后的 fc8 层则被替代为一个 21 通道（channel）的 1×1 卷积层，作为网络的最终输出。之所以有 21 个通道是因为 PASCAL VOC 的数据中包含 21 个类别（20 个目标类别和一个背景类别）。图 2.12 为 FCN 的网络结构，若原图为 $H \times W \times 3$，H 和 W 表示图片的长和宽尺寸，3 表示的是图片的通道数，即指的是 RGB 三通道。在经过若干堆叠的卷积和池化层操作后可以得到原图对应的激活张量（activation tensor）$H_i \times W_i \times d_i$，其中，$d_i$ 为第 i 层的通道数。可以发现，由于池化层的下采样作用，使得激活张量的长和宽远小于原图的长和宽，这便给像素级别的直接训练带来问题。

为了解决下采样带来的问题，FCN 利用双线性插值将激活张量的长宽上采样到原图大小，另外为了更好地预测图像中的细节部分，FCN 还将网络中浅层的张量也考虑进来。具体来说，就是将 Pool4 和 Pool3 的张量也拿来，分别作为模型 FCN-16s 和 FCN-8s 的输出，与原来 FCN-32s 的输出结合在一起做最终的语义分割预测，如图 2.12 所示。

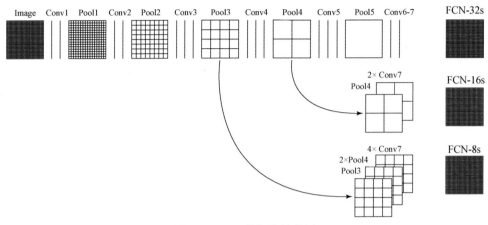

图 2.12　FCN 的网络结构图

图 2.13 是不同层作为输出的语义分割结果，可以明显看出，由于池化层的下采样倍数的不同导致不同的语义分割精细程度。例如 FCN-32s，由于是 FCN 的最后一层卷积和池化的输出，该模型的下采样倍数最高，其对应的语义分割结果最为粗略；而 FCN-8s 则因下采样倍数较小可以取得较为精细的分割结果，FCN 分割如图 2.13 所示。

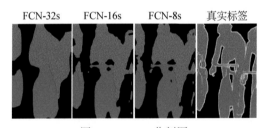

图 2.13　FCN 分割图

2. VGGNet 模型

VGGNet 和 GoogLeNet 在 2014 年的 ImageNet 竞赛中取得了双双取得了桂冠，这两个模型都以深度而著称，包含很多层次。与 GoogLeNet 不同的是，VGGNet 继承了 LeNet 及 AlexNet 的一些框架，尤其是和 AlexNet 框架非常相似，VGGNet 包含 5 个群组的卷积运算、2 层全连接图像特征、1 层全连接分类特征，一共 8 个部分，其基本结构如图 2.14 所示。前 5 个卷积群组中，每个群组的结构是不同的。卷积层数从 8 到 16 递增，随着卷积层的一步步加深来提高分类精度（邰建豪，2017）。但通过加深卷积层数也已经到达准确率提升的极限了。

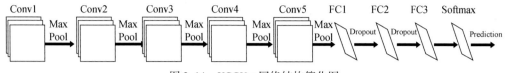

图 2.14　VGGNet 网络结构简化图

VGGNet 与 AlexNet 的不同之处在于：VGGNet 使用更多的层，通常有 16 ~ 19 层，而 AlexNet 只有 8 层。另外一个区别是：VGGNet 的所有卷积层使用同样大小的卷积核，大小都是 3×3，而 AlexNet 则是不同尺寸的卷积核。卷积核的尺寸为 3×3，卷积核移动步长（s）是 1；3×3 的卷积层有 1 个像素的填充，这样设计的优势在于以下 4 点：

（1）3×3 是最小的能够捕获上下左右和中心概念的尺寸。

（2）两个 3×3 的卷积核相当于 1 个 5×5 卷积核的感受野；3 个 3×3 相当于 1 个 7×7 的感受野，通过组合可以替代大的卷积核尺寸。

（3）多个 3×3 的卷积核比一个大尺寸卷积核具有更多的非线性特征，使得判决函数更加具有判决性。

（4）多个 3×3 的卷积核比一个大尺寸的卷积核有更少的参数。

1×1 大小的卷积核：作用是在不影响输入输出维数的情况下，对输入线进行线性形变，然后通过 Relu 进行非线性处理，增加网络的非线性表达能力。

池化：模板大小是 2×2，间隔是 2；不同于三阶网络结构，该网络具有 5 个 Max Pool 层，进行 5 阶卷积特征提取。每层的卷积个数从开始的 64 个逐步增长，每个阶段增长一倍，直到 512 个，然后保持不变。

2.2.4　迁移学习

深度神经网络从大量带有标签的数据中学习输入到输出的映射，然而，许多场景对网络模型来说在训练过程中未曾遇见过，模型对该种场景的预测难度大幅度增加，网络模型缺乏泛化到不同环境的能力。迁移学习（transfer learning）能够将知识迁移到新环境中，能够在一定程度上解决该问题。迁移学习不同再从头开始设计与训练一个全新的网络，而是基于已经训练好的网络模型，在其基础上进行参数与知识迁移，只需要很少量的计算资源开销与训练时间就可以实现对新任务的支持（Pan and Qiang，2010）。

一般而言，训练网络模型所需的数据集非常大，难以获取，并且网络训练过程中收敛所需的时间过长，因此，从零开始训练一个深度神经网络的代价非常高。迁移学习可以把已经训练好的网络模型的权重参数迁移到新模型中，以此来帮助新模型进行快速训练。迁移学习的基本原理如图 2.15 所示，首先在源域中预训练的模型参数通过某种方式共享给新模型，然后对网络模型进行一定程度的微调，以特征选择的方式找到源域与目标域的域相似性，从而加快优化模型的学习效率（Taylor and Stone，2009）。

针对数据依赖的情况，放宽训练数据与测试数据独立同分布的假设，迁移学习就可以解决训练样本不足的问题。由于逐层权值的结构特性更加适应于训练知识复用和微调机制，这使得在遥感影像分类问题中迁移学习的训练策略更多的应用在基于深度神经网络的

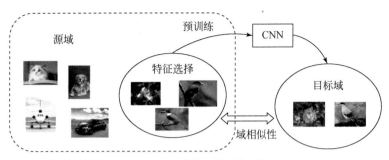

图 2.15　迁移学习的基本原理

算法模型中。迁移学习的目的是花更少的代价建立更准确的模型。它可以将源域学习的知识应用到新的目标域上。

　　迁移学习在遥感技术领域的应用已然不是一个新的概念，从浅层方法到结合深度网络结构，大量的研究都在解决类似的问题：如何有效地解决由于传感器、采集时间、地表变化、视场和光照差异所引起的影像分布漂移对模型的影响（田萱等，2019）。

1. 迁移学习的基本类型

　　迁移学习的基本思想是基于之前训练好的基础网络，通过微调模型的权重或者冻结的方式来继续训练目标网络，按照不同的实现方法，迁移学习可大致分为 4 种：样本迁移、特征迁移、模型迁移和关系迁移，下面将分别进行介绍。

1）样本迁移

　　样本迁移在源域中找到与目标域相似的数据，再把该数据与目标域中的数据进行某种匹配。具体示例如图 2.16 所示，其特点是需要对不同实例进行加权，对重要性较高的样本给予较大的权重，再用数据进行训练。

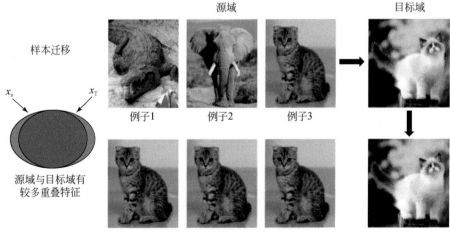

图 2.16　样本迁移学习示意图

2）特征迁移

特征迁移通过观察源域图像与目标域图像之间的共同特性，结合观察到的共同特征在不同层次的特征间进行自动迁移。其具体示例如图 2.17 所示，在进行迁移时，一般需要把源域和目标域的特征投影到同一个特征空间中。

图 2.17　特征迁移学习示意图

3）模型迁移

模型迁移（model-based transfer learning）能够将源域和目标域共享模型的权重参数，把在源域中经过大量数据训练好的模型映射到目标域上进行预测。

模型迁移的具体示例如图 2.18 所示，其优点是可以充分利用各个模型之间的相似性，缺点是模型的参数不易收敛。

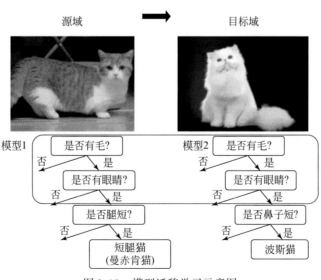

图 2.18　模型迁移学习示意图

4）关系迁移

两个域如果是相似的，那么两个域会共享某种相似的关系，关系迁移（relational transfer learning）将源域中的逻辑网络关系映射到目标域上进行迁移，其具体示例如图 2.19 所示，如从生物病毒的传播迁移到计算机病毒的传播。

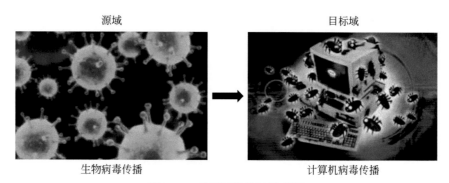

源域　　　　　　　　　　　　　　　　　目标域

生物病毒传播　　　　　　　　　　　　　计算机病毒传播

图 2.19　关系迁移学习示意图

2. 迁移学习的主要优点

迁移学习可以减少对标定数据的依赖，通过和已有数据模型之间的迁移，更好地完成机器学习任务，其主要优点有如下 3 点。

（1）迁移学习适用于小数据量场景，从而避免了收集大量数据，可进行高效的机器学习任务。

（2）个性化模型的适配比较复杂，需要对不同的用户隐私进行处理，迁移学习适合进行个性化配置。

（3）推荐系统在没有初始用户数据时，无法进行精准推荐，迁移学习可以在一定程度解决冷启动问题。

2.2.5　精度评定指标

1. 混淆矩阵

混淆矩阵又称误差矩阵，用来判断影像分类结果与真实情况是否一致，是遥感影像分类结果最基本的精度评价方法之一。混淆矩阵是一个 n 行 n 列的矩阵 P，其中每一行表示样本真实类别，每一列表示分类结果预测类别，n 表示图像中类别数目，$P_{i,j}$ 表示真实类别为 i 的地物被划为第 j 类中的样本数量，混淆矩阵形式如表 2.1 所示。

表 2.1　混淆矩阵

	地物预测类别				行总计
类别	1	2	…	n	
1	$p_{1,1}$	$p_{1,2}$	…	$p_{1,n}$	$\sum\limits_{j=1}^{n}p_{1,j}$
2	$p_{2,1}$	$p_{2,2}$	…	$p_{2,n}$	$\sum\limits_{j=1}^{n}p_{2,j}$
…	…	…	…	…	…
n	$p_{n,1}$	$p_{n,2}$	…	$p_{n,n}$	$\sum\limits_{j=1}^{n}p_{n,j}$
列总计	$\sum\limits_{j=1}^{n}p_{j,1}$	$\sum\limits_{j=1}^{n}p_{j,2}$	…	$\sum\limits_{j=1}^{n}p_{j,n}$	

注：表左侧合并列标题"地物真实类别"对应第1、2、…、n行；列总计为最后一行。

根据混淆矩阵可以计算出总体精度（overall accuracy，OA），以及每种类别的精准率（precision）、召回率（recall），总体精度是指分类结果中分类正确的样本数量占样本总数量的比值，计算公式如下：

$$OA = \frac{\sum_{i=1}^{n}p_{i,j}}{\sum_{j=1}^{n}\sum_{i=1}^{n}p_{i,j}} \tag{2.29}$$

精准率是指某一类别预测正确的样本数与该类别预测样本总数之间的比值，计算公式如下：

$$P_i = \frac{p_{i,j}}{\sum_{j=1}^{n}p_{j,i}} \tag{2.30}$$

召回率是指某一类别预测正确的样本数与该类别真实样本总数之间的比值，计算公式如下：

$$R_i = \frac{p_{i,j}}{\sum_{j=1}^{n}p_{i,j}} \tag{2.31}$$

混淆矩阵中的每个数据表示样本数目，为了更直观地反映分类结果的准确性，可以将混淆矩阵中的每个数据除以行总数或列总数，以百分比的形式将显示分类精度。如图 2.20 所示，（a）表示混淆矩阵原型；（b）表示混淆矩阵中样本数目除以行总数，根据式（2.31）可知，对角线上的数值表示各类别的召回率；（c）表示混淆矩阵中的样本数目除以列总数，根据式（2.30）可知，对角线上的数值表示各类别的精准率。

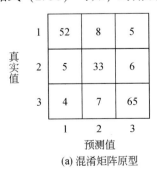

(a) 混淆矩阵原型

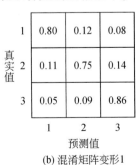

(b) 混淆矩阵变形 1

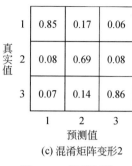

（c）混淆矩阵变形2

图 2.20　混淆矩阵

2. Kappa 系数

总体精度的计算结果过度依赖样本容量和类别数目，会出现分类结果存在不确定性的现象，因此，可以结合 Kappa 系数，更加客观地对分类结果进行精度评定。Kappa 系数是利用离散的多元分析法，通过计算地物真实空间分布与分类器预测所得分类结果之间的相似程度，可以更加客观地、公正地表示分类结果的优劣。当各类别地物真实样本数为 $T = \{t_1, t_2, \cdots, t_n\}$；预测样本数为 $P = \{p_1, p_2, \cdots, p_n\}$；样本总数为 M；总体精度为 P_o，Kappa 系数计算公式如下：

$$P_e = \frac{\sum_{i=1}^{n} t_i p_i}{M * M} \qquad (2.32)$$

$$\mathrm{Kappa} = \frac{P_o - P_e}{1 - P_e} \qquad (2.33)$$

2.3　深度学习提取不透水层

深度学习需要大量的样本学习，在执行遥感分类之前通常需要建立起样本数据集，而样本数据集选取是否准确且是否具有代表性将直接影响后期模型训练效率与模型分类精度的高低。

不透水面在遥感影像上表现出高度的光谱异质性，高反射率不透水表面易与耕地、裸地混淆；低反射率不透水面易与城市水体混淆。本节针对深度学习方法提取不透水面所需的训练样本问题，参考了 Zhang（2020b）的方法，利用已有的较高精度的地表覆盖产品不透水面的分类成果，采用自动方式，生成不透水面样本，为深度学习样本采集的问题提出一种新的思路。本节首先调研了可用于深度学习提取不透水面的已有样本集，之后介绍了自动生成不透水面样本集的思路和方法。

2.3.1　开源数据集

1. Gaofen Image Dataset（GID）

Gaofen Image Dataset（GID）是一个用于土地利用和土地覆盖（LULC）分类的大型数

据集。它包含来自中国 60 多个不同城市的 150 幅高质量高分二号（GF-2）图像，这些图像覆盖的地理区域超过了 5 万 km²。GID 图像具有较高的类内多样性和较低的类间可分离性。GF-2 是高清晰度地球观测系统（high definition global observing system，HDEOS）的第二颗卫星。GF-2 卫星包括了空间分辨率为 1m 的全色图像和 4m 的多光谱图像，图像大小为 6908 像素×7300 像素。多光谱提供了蓝色、绿色、红色和近红外波段的图像。高分二号（GF-2）卫星获取的数据集图像显示出我国人口分布与地貌的特点，人口主要分布在东部沿海地区，且以水域为主线集中分布，大量的农田集中分布在建筑物与水域周围；我国地貌呈块状的梯形分布，为地势西高东低的阶梯状分布结构。自 2014 年启动以来，GF-2 已被用于土地调查、环境监测、作物估算、建设规划等重要领域。

　　GID 数据集一共两种分类，一类是大比例尺分类，另一类是土地覆盖精细分类，详情见表 2.2、表 2.3。

表 2.2　大比例尺分类

类别	RGB
城市建筑区	255, 0, 0
农田	0, 255, 0
森林	0, 255, 255
草地	255, 255, 0
水	0, 0, 255
背景	0, 0, 0

表 2.3　土地覆盖精细分类

类别	RGB	类别	RGB
工业用地	200, 0, 0	乔木林	150, 0, 250
城市住宅	250, 0, 150	灌木林	150, 150, 250
农村住宅	200, 150, 150	天然草地	250, 200, 0
交通	250, 150, 150	人工草地	200, 200, 0
稻田	0, 200, 0	河	0, 0, 200
灌溉田	150, 250, 0	湖	0, 150, 200
干农田	150, 200, 150	池塘	0, 200, 250
园地	200, 0, 200	背景	0, 0, 0

2. ISPRS

　　ISPRS 提供了城市分类和三维建筑重建测试项目的两个最先进的机载图像数据集（Vaihingen 和 Postdam）。两个数据集包括高分辨率正射影像和相应的密集图像匹配技术产生的数字地表模型（digital surface model，DSM），区域均涵盖了城市场景。Vaihingen 是一个相对较小的村庄，有许多独立的建筑和小的多层建筑；Postdam 是一个典型的历史城市，有着大的建筑群、狭窄的街道和密集的聚落结构。每个数据集手动分类为 6 个最常见的土地覆盖类别，详见表2.4。

表 2.4　ISPRS 土地覆盖类别（分六类）

类别	RGB
不透水面	255，255，255
建筑物	0，0，255
低矮植被	0，255，255
树木	0，255，0
汽车	255，255，0
背景	255，0，0

1）Vaihingen

该数据集包含33幅不同大小的遥感图像，每幅图像都是从一个更大的顶层正射影像图片提取的。顶层影像和DSM的空间分辨率为9cm。遥感图像格式为8位TIFF文件，由近红外、红色和绿色3个波段组成。DSM是单波段的TIFF文件，灰度等级（对应于DSM高度）为32位浮点值编码。

2）Postdam

与Vaihingen区域类似，该数据集也是由近红外、红色和绿色3个波段的遥感TIFF文件和单波段的DSM组成。其每幅遥感图像区域覆盖大小是相同的，遥感图像和DSM是在同一个参考系统上定义的（UTM WGS84）。每幅图像都有一个仿射变换文件，以便在需要时将图像重新分解为更小的图片。

除了DSM，数据集还提供了归一化DSM，即在地面过滤之后，每个像素的地面高度被移除，从而产生了高于地形的高度表示。这些数据是使用一些全自动过滤工作流产生的，没有人工质量控制。因此，不保证这里没有错误的数据，这是为了帮助研究人员使用高度数据，而不使用绝对的DSM。

3. 实验设置

两种开源数据集都是高分辨率的影像，而我们最终的实验数据是16m分辨率的高分一号数据，为了保障最终的实验准确度，对两种开源数据使用ArcGIS软件进行重采样。并将标签数据中其他类别进行整合，使用ArcGIS将数据裁剪为64×64的图像块。

2.3.2　生成不透水面样本集

生成样本集要遵循3个要点：第一，样本的选择上要覆盖所有参与自动分类的地表覆盖类型，不参与分类的地表覆盖类型都归属到背景类别，所以样本类别总数是$N+1$个，N是待分地表覆盖类型，1是背景。第二，每种地表覆盖类型样本要求是纯净的、单一的。样本选取不纯净容易造成地表覆盖类型混淆，降低分类精度。第三，每种地表覆盖类型要包含充足数量的样本，充分的样本才能学习到足够多的地表覆盖类型特征。当同一种地表覆盖类型有多种纹理特征或色彩特征时，该地表覆盖类型样本要包含所有不同的类型。

1. 样本数据介绍

1）哨兵2号

哨兵2号（Sentinel-2）是哨兵系列高分辨率光学卫星，每一个系列卫星通常由两颗卫星组成，分为2A和2B两颗卫星，可以满足重访需求和覆盖需求，用于帮助欧洲进行环境监测和满足其安全需求。Sentinel-2A卫星是"Sentinel-2"系列的一颗地球观测卫星，是由欧洲航天局于2015年6月23日发射的，主要用来用于监测农业、林业种植，还将用于观测地球土地覆盖变化，以及监测湖水和近海水域污染情况。Sentinel-2A卫星携带的多光谱成像（multi spectral imaging，MSI）仪，可以覆盖13个光谱波段，幅宽达290km。波段从可见光到近红外再到短波红外，有着10m、20m和60m不同的空间分辨率。Sentinel-2号卫星重访周期为10天。Sentinel-2B卫星是"Sentinel-2"系列的另一颗于2017年3月7日发射的监测卫星，Sentinel-2B和Sentinel-2A一样，重访周期为10天，可以覆盖13个光谱波段，地面分辨率可以达到10m、20m和60m。Sentinel-2A和Sentinel-2B两颗卫星互补，重访周期可以缩短为5天。本章Sentinel-2号影像从哥白尼开放访问中心（Copernicus Open Access Hub）获取，该网站为用户提供了所有活动哨兵系列卫星的最新免费影像，包括Sentinel-1的雷达图像、光学Sentinel-2多光谱图像、用于环境监测的Sentinel-3陆地产品及来自Sentinel的大气和空气质量数据。Sentinel-2高分辨率多光谱影像数据相关信息如表2.5所示。

表 2.5 "Sentinel-2" 系列主要的传感器参数

波段	空间分辨率/m		光谱范围/nm		幅宽/nm	
	Sentinel-2A	Sentinel-2B	Sentinel-2A	Sentinel-2B	Sentinel-2A	Sentinel-2B
Band 1 Coastal aerosol	10、60	10、60	443.9	442.3	27	45
Band 2 Blue	10	10	496.6	492.1	98	98
Band 3 Green	10	10	560	559	45	46
Band 4 Red	10	10	664.5	665	38	39
Band 5 Vegetation red edge	20	20	703.9	703.8	19	20
Band 6 Vegetation red edge	20	20	740.2	739.1	18	18
Band 7 Vegetation red edge	20	20	782.5	779.7	28	28
Band 8 NIR	10	10	835.1	833	145	133
Band 8A NIR-arrow	20	20	864.8	864	33	32
Band 9 Water vapor	60	60	945	943.2	26	27

续表

波段	空间分辨率/m		光谱范围/nm		幅宽/nm	
	Sentinel-2A	Sentinel-2B	Sentinel-2A	Sentinel-2B	Sentinel-2A	Sentinel-2B
Band 10 SWIR-cirrus	60	60	1373.5	1376.9	75	76
Band 11 SWIR	20	20	1613.7	1610.4	143	141
Band 12 SWIR	20	20	2202.4	2185.7	242	238

2）GLC_FCS30

经过多年研究，中国科学院空天信息创新研究院刘良云研究员团队突破了全球30m分辨率地表覆盖多时相自动化精细分类关键技术，并于2019年9月发布了精细分类体系的2015年全球30m分辨率地表覆盖精细分类产品——GLC_FCS30（global land cover with fine classification system at 30m）。该团队在此基础上做了大量优化工作，如结合定量遥感反演模型对分类体系做了进一步深化（林地二级类从区域尺度拓展为全球尺度），利用多源辅助数据集和专家先验知识集改善了原来存在的少量错分和漏分问题，针对原来存在的少许空间过渡不连续问题进行了针对性处理与优化。

GLC_FCS30-2020作为全球首套2020年全球30m分辨率精细地表覆盖产品，该数据集及时反映了2020年全球陆地区域（除南极洲）在30m空间分辨率下的地表覆盖分布状况，为地表相关应用提供了最新的数据支撑，对于全球变化、可持续发展分析及地理国情监测等具有重要意义，全球30m分辨率地表覆盖精细分类如图2.21所示。

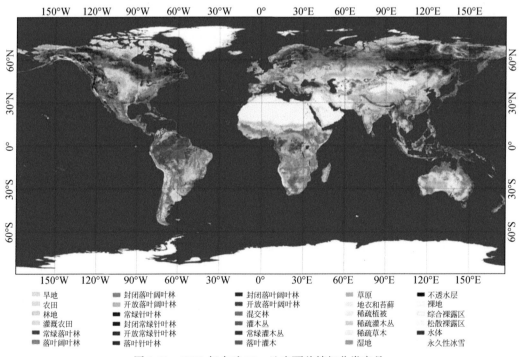

图2.21　2020年全球30m地表覆盖精细分类产品

3）夜光遥感数据

夜光遥感数据又叫夜间灯光数据，是目前被公认的最好用于大范围同步检测社会经济活动的数据来源。夜光遥感数据已经在包括人口估算、城市化监测、环境与能源消费研究等领域得到广泛应用（李明峰和蔡炜珩，2019）。

珞珈一号卫星是全球首颗专业夜光遥感卫星，于 2018 年 6 月 2 日成功发射升空（张悦等，2019）。珞珈一号卫星搭载率高灵敏度夜光相机，相机分辨率高达 100m（肖东升和杨松，2019）。珞珈一号卫星获取的影像能看到长江上所有亮灯的大桥，获取精度远高于美国国防气象卫星 NPP/VIIRS 夜光遥感数据。珞珈一号夜间灯光数据空间分辨率为128m×128m，回访周期为 15 天，数据质量明显优于 DMSP/OLS 和 NPP/VIIRS 夜间灯光数据，非常适用于研究人类社会活动与发展。本章使用的夜光遥感数据来自于珞珈一号 01 星，珞珈一号 01 星是世界上第一颗兼具遥感和导航功能的"一星多用"低轨微纳科学实验卫星。夜光影像不仅可以反映夜间城镇灯光，还可以捕捉到夜间渔船、天然气燃烧、森林火灾等，因此广泛应用于社会经济参数估算、区域发展研究、重大事件评估、渔业监测等诸多研究领域（李德仁和李熙，2015）。

2. 数据预处理

遥感影像的成像过程受大气作用、传感器自身特性、太阳高度角等因素影响，使得传感器探测的测量值与地物目标的光谱反射率或光谱辐射亮度等物理量不一致，在形状上发生变形，使得遥感影像出现了辐射畸变和几何畸变。这些畸变严重影响了遥感影像的数据质量，因此，在哨兵 2 号影像数据投入使用之前，需要对其进行一系列的预处理操作，消除影像中的辐射失真和几何变形。样本制作选择欧洲航天局发布的哨兵 2 号影像，在进行分类实验之前需要经过预处理工作。

1）辐射校正

遥感影像是由传感器接收地面物体反射的电磁波形成的，由于电磁波自身的特性导致电磁波在传送过程中受大气影响、光照影响等外部因素作用，使得最后拍摄的遥感影像与地物真实辐射亮度存在一定误差，辐射校正的目的就是消除和改正这些误差。辐射校正一般包括辐射定标和大气校正。

辐射定标的目的是把传感器记录的信息根据转换模型转化为辐射强度值，这一过程不受传感器自身成像特性的影响。辐射定标方法分为绝对定标法和相对定标法，绝对定标法是将影像数据转换为与各像素相对应的绝对辐射亮度值；相对定标法是根据影像不同波段、不同像素之间的关系，将影像数据转换为相对辐射亮度。大气校正是对辐射定标结果做进一步处理，消除因大气对电磁波的干扰产生的影像失真，还原并提取地面物体的真实辐射反射率。

本次实验使用 ENVI 软件中的 FLAASH（fast-line-of-sight atmospheric analysis of spectral hypercubes）校正模型对多光谱影像做辐射定标及大气校正处理，并对全色影像做辐射定标处理，消除影像数据在成像过程中造成的辐射误差。

2）正射校正

遥感影像受到卫星传感器姿态、地球曲率、地貌起伏等因素影响，使得原始影像上的地物会发生形状上的改变和位置上的偏移，产生不同程度的几何畸变，几何校正的目的就是消除这类误差。正射校正是几何校正的一种，是利用标准的物理模型或利用有理函数多项式模拟卫星参数，同时对遥感影像进行倾斜方向和垂直方向上形变修正。本章实验利用DEM数据对经过辐射校正的影像数据做正射校正处理，使用三次卷积法对校正结果进行重采样，得到4m空间分辨率的多光谱数据和1m空间分辨率的全色数据，为影像融合做准备。

3. 制作流程

1）技术路线

技术路线如图2.22所示。

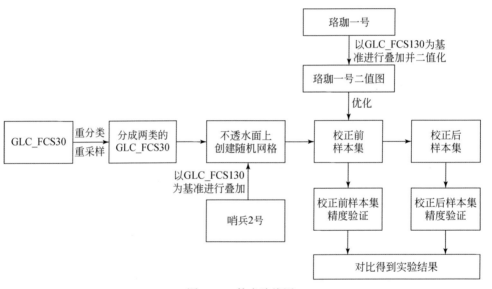

图2.22　技术路线图

2）样本数据

样本集制作选取的研究区是北京市通州区。通州区位于116°32′～116°56′E、39°36′～40°02′N，处于北京市东南部，京杭大运河北端，总面积为906km²（赵龙等，2017）。地处永定河、潮白河冲积洪积平原，属温带大陆性季风气候区。通州区的海拔最高点为27.6m，最低点仅8.2m。通州区是北京市的城市副中心，近年来发展迅速，伴随着城市化进程加快。虽然通州区在城市化，但是截至2019年，农业仍是通州区的第一产业。

选取通州区的原因是，通过遥感影像观察通州区的现状是通州区西部普遍为城市、东部以农林为主，适合进行样本构建。通州区下辖11个街道、10个镇、1个民族乡，其中城镇主要聚集在两处地点，第一处是通州区区中心，包括新华街道、北苑街道、玉桥街道、梨园镇和永顺镇；第二处与大兴区亦庄开发区接壤，包括台湖镇和马驹桥镇。不难看出，这两处地点是通州区的经济中心，同时也是本章研究的不透水面聚集的区域。

本次实验的数据包含大部分华北地区影像，因此利用北京市通州区矢量文件对哨兵 2 号影像进行裁剪，利用 ArcMap 的 ArcToolbox 中的裁剪工具，以通州区为边界进行裁剪。下载上下相邻的两幅影像分别裁剪，之后再利用镶嵌工具，将裁剪后的通州区上下两部分拼接，得到完整的、无背景值的通州区哨兵 2 号影像，如图 2.23 所示。

图 2.23　哨兵 2 号（Sentinel-2）卫星通州区 10m 分辨率影像

通过表 2.6 可以看出，通州区包含的地物种类较多，而且不透水面所占比例合适，相对于整个通州区占比在四分之一左右。而通州区其他几种地表覆盖类型主要为农田，这也符合通州区以农业经济为主的特点。但是由于城市副中心这一特质，通州区近几年来的不透水面比例也在明显升高。

在实验前，将 GLC_FCS30-2020 数据范围缩小到通州区，裁剪步骤与哨兵 2 号影像裁剪的步骤相同。并且由于本次实验主要研究通州区的不透水面，而 GLC_FCS30-2020 的分类类别过多，需要将多余类别合并，共得到两类——不透水面和非不透水面。通州区共有 12 种地表覆盖类型组成，包含 10 旱地、11 草本植物盖、20 灌溉农田、62 封闭的落叶阔叶林、72 开阔的常绿针叶林、82 开阔的落叶针叶林、130 草原、150 稀疏植被、180 湿地、190 不透水面、200 裸地、210 水体。将其中的 10 旱地、11 草本植物盖、20 灌溉农田、62 封闭的落叶阔叶林、72 开阔的常绿针叶林、82 开阔的落叶针叶林、130 草原、180 湿地、150 稀疏植被、200 裸地、210 水体合并成其他地类，将 190 不透水面分别归为不透水面地类。

表 2.6　通州区地表覆盖类型信息统计表

地表覆盖类型	ID	像素数	所占比例/%
旱地	10	236609	18.03
草本植物盖	11	495138	37.74
灌溉农田	20	171273	13.05
封闭的落叶阔叶林	62	4819	0.36
开阔的常绿针叶林	72	9	0
开阔的落叶针叶林	82	119	0.01
草原	130	4759	0.36
稀疏植被	150	98	0.01
湿地	180	18589	1.32
不透水面	190	362978	26.67
裸地	200	287	0.02
水体	210	17289	1.32
总计	—	1311967	100

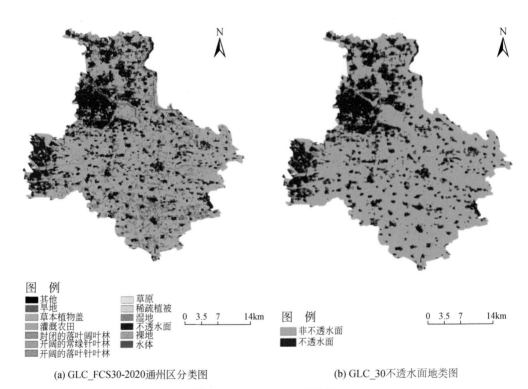

(a) GLC_FCS30-2020通州区分类图　　(b) GLC_30不透水面地类图

图 2.24　GLC_FCS30 分类图

经统计通州区不透水面占比约为 27.7%，非不透水面占比约为 72.3%。由图 2.24（b）可以看出，通州区的不透水面主要分布在西北部，在其他地区零星分布着块状不透水面。

珞珈一号夜光遥感影像数据的分辨率为 130m，因此将 30m 分辨率的 GLC_FCS30-2020 数据重采样成 130m 分辨率 GLC_FCS130 数据。

将珞珈一号夜光遥感影像数据范围缩小到通州区，裁剪步骤与哨兵 2 号影像裁剪的步骤相同。裁剪后，对珞珈一号夜光数据进行辐射定标。

通过夜光遥感影像，更容易观察到通州区的不透水面分布，图 2.25 中亮的位置即不透水面的分布位置。这一分布也印证了之前所说的通州区城市分布在西北部位置的说法。从图 2.25 中还可以观察到，除了城镇分布，通州区道路网也被明显表示出来。

由于获取的夜光遥感影像每一个像素都有一个 DN（digital number）值，而这些 DN 值又有很多不一样的值。通过上文可知，本实验仅研究不透水面和非不透水面两类，所以需要将夜光遥感影像二值化。利用 ENVI 中的快速统计工具对夜光遥感数据的 DN 值进行统计。本实验计划取 DN 值越大的百分之十五左右作为不透水面类。据统计，本次实验所用数据最小 DN 值为 0，最大 DN 值为 1077285。经过反复观察，当阈值为 12675 时，即取前 33.99% 像素作为不透水面类时，明显观察到道路周围有非不透水面类被分类成不透水面类；当阈值为 25350 时，即取前 14.38% 像素作为不透水面类时，道路不能被明显表示。选择阈值为 21125 时，即取前 17.18% 像素作为不透水面类时，道路能被清晰表示，故取 21125 作为阈值。

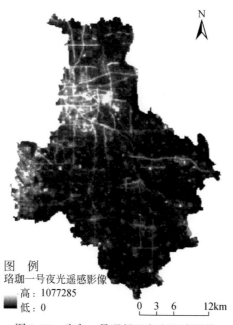

图 2.25　珞珈一号通州区夜光遥感影像

使用 ArcMap 自带的重分类工具，利用 21125 作为阈值，取 DN 值大于 21125 的像素重分类成不透水面类，小于 21125 的像素重分类成非不透水面类，得到珞珈一号通州区夜光遥感影像二值（图 2.26）。

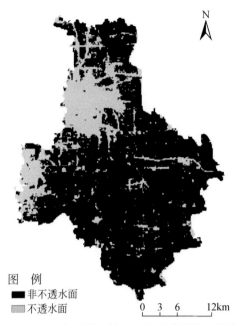

图 2.26　珞珈一号通州区夜光遥感影像二值图

3）样本分布

为了使不透水面样本集能够尽可能地在通州区随机分布，所以应该在样本构建时利用生成随机点的方法选择样本的位置。而为了使样本尽可能不重叠，所以应该在生成随机点时设置随机点间最小间距。而间距大小基于实验所选择的样本大小，本实验采用的样本是9 像素×9 像素大小的方格，也就是390m×390m，所以间距大小应设置为390m（图2.27）。

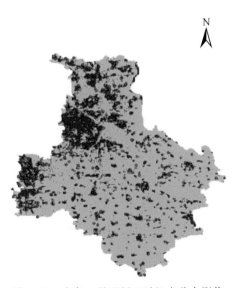

图 2.27　珞珈一号通州区随机点分布影像

　　具体实验操作是：利用 ArcMap 自带的生成随机点工具在分类后的 GLC_FCS130 数据中的不透水面中生成 200 个随机点，随机点间距选择 390m。

　　4）样本构建

　　在确定好随机点位置后，就可以开始构建样本集了。首先，需要在随机点选取的位置生成 390m×390m 的样本。这就需要用到 ArcMap 自带的渔网工具，利用这个工具在随机点上生成 390m×390m 的渔网，并且使用按位置选择选项，以此方法分别对哨兵 2 号和 GLC_FCS130 数据进行筛选，用于生成随机点的所在方格的影像与分类数据。然后，对渔网中的哨兵影像及 GLC_FCS130 数据进行裁剪，裁剪方法依旧是利用 ArcMap 自带的裁剪工具，裁剪后的哨兵影像即为样本，裁剪后的 GLC_FCS30-2020 数据即为标签。最后，将裁剪后的样本和标签分别保存。

　　5）GLC_FCS130 不透水面优化

　　由于夜光遥感数据是用于检测夜间灯光指数的数据，即在大自然中夜间有光亮的地方普遍为有人为活动的地方，所以适用于检测人类活动范围。因此我们可以用夜光遥感数据获取通州区不透水面的位置。而 GLC_FCS30-2020 数据的总体精度仅有不到百分之九十，所以存在一些错误样本，需要借助其他数据进行剔除，使用夜光遥感数据对其进行优化。将两种数据进行叠加，通过差值运算的方式可以筛选出错误像素的位置，再用这些错误像素对地表覆盖产品进行优化。

　　具体的操作步骤是：将 GLC_FCS130 数据中的不透水面定义为 1，非不透水面定义为 2。将二值化后的夜光遥感数据中不透水面定义为 5，非不透水面定义为 7。

　　如表 2.7 所示，波段运算后值为 4 和 5 的为两种影像相同分类的，即为正确分类。而由于夜光遥感数据仅能判断不透水面，不能作为非不透水面判断的依据，所以我们只能用夜光遥感数据中的不透水面数据优化 GLC_FCS130 数据中的不透水面数据。所以最后值为 3 的数据，即二值化后的珞珈一号夜光遥感数据中分类为不透水面数据而在 GLC_FCS130 数据中分类为非不透水面数据，这个数据为 GLC_FCS130 数据中分类错误的数据，命名为待校正数据。

表 2.7　夜光遥感数据与 GLC_FCS130 数据差值结果图

GLC_FCS130 数据	二值化后的珞珈一号夜光遥感数据	
	不透水面 5	非不透水面 7
不透水面 1	4	6
非不透水面 2	3	5

　　为了便于我们修正样本数据，需要利用之前所使用到的方法，使用 200 个随机点所在的渔网数据，通过按位置选择的方法，筛选出样本数据中的待校正数据。

　　6）样本集优化

　　在之前的操作中我们生成了 200 个随机点，并且用渔网的位置选择方法筛选出了随机点所在网格。然后，用这些网格对 GLC_FCS130 和待校正数据进行了筛选，使用筛选了的数据进行镶嵌。

由于在差值运算时我们将 GLC_FCS130 数据中的不透水面定义为 1。而待校正数据，即 GLC_FCS130 数据中原本应是不透水面却被错误分成了非不透水面的数据，它被定义为了 3。所以我们需要使用重分类工具将其重新定义成 1。之后再使用镶嵌工具，将待校正数据镶嵌到 GLC_FCS130 数据上。

最后，对样本集进行优化，图 2.28 为 GLC_FCS130 与夜光遥感影像叠加后错误像素的修正，错误像素在哨兵影像的位置对比如图 2.29 所示，优化前后样本精度对比如表 2.8

图 2.28　GLC_FCS130 错误像素图

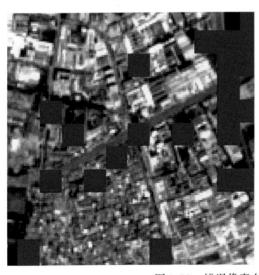

图 2.29　错误像素在哨兵影像的位置对比

所示，实验优化前后采用的样本及数量完全相同，经过精度验证后得出经验，当样本选择的位置完全是不透水面时，样本精度达到最高的100%；当样本选在不透水面与非不透水面交界处时，无论是优化前还是优化后样本精度都达到了最低值，分别是优化前的23.8%和优化后的43.8%。利用夜光遥感数据将样本整体精度提升，体现在平均精度上，将平均精度提高了6.1%。再将影像与标签数据重采样为16m数据集。重新为样本配上优化后的标签，利用 ArcMap 自带的裁剪工具，裁剪数据生成样本集，如图2.30所示。

表2.8　优化前后样本精度对比

精度验证	样本总数	最高样本精度/%	最低样本精度/%	平均精度/%
优化前不透水面样本	200	100	23.8	86.4
优化后不透水面样本	200	100	43.8	92.5

(a) 裁剪后获得的样本集　　　　　　　　(b) 裁剪后获得的优化后的标签集

图2.30　裁剪后的原始影像及对应标签

2.3.3　数据增强

在图像的深度学习中，为了丰富图像训练集，更好的提取图像特征，防止模型过拟合，一般都会对数据图像进行数据增强。数据增强（data augmentation）是通过一些图像处理手段，对原有数据进行调整并添加到训练集中。由于图像包含了巨大的变化因素，其中很多是可以人工模拟的。不同的任务背景下，可以通过图像的空间、几何、形态变换，使用一种或多种组合数据增强方法来增加输入数据量。常用的数据增强的方法包括：仿射变换、尺度变换、对比度变换及噪声扰动等。

（1）仿射变换，是两个二维坐标间的线性变换，包括平移、翻转、旋转等。

（2）尺度变换，是按照指定的尺度因子，进行图像放大、缩小、裁切或模糊程度的改变。

（3）对比度变换，在图像的 HSV 颜色空间，改变饱和度（S）和亮度（V）分量，保持色调（H）不变，对每个像素的 S 和 V 分量进行指数运算，增加光照变化。

（4）噪声扰动，对图像的每个像素随机添加椒盐噪声、高斯噪声等噪声扰动。

根据上述方法，运用随即裁切、翻转、亮度对比度变换等方式对开源的两个数据集进行数据增强。经过数据增强后，训练集的多样性得到了显著的提升。

2.3.4　实验配置及相关信息

本章针对数据集的预处理及后续的计算，基于 Ubuntu18.04 操作系统，在 Ubuntu 系统下使用 Python 语言的 OpenCV、PIL 等多种第三方库，对遥感影像及其标签进行数据增强和裁剪等处理，同时利用 NumPy、scikit-learn 等第三方库进行矩阵运算。为了开展具体的实验，网络模型利用 Google 的深度学习的开源框架 TensorFlow（Abadi *et al.*, 2016）在 NVIDIA Quadro M2000 的 GPU 高计算力支持下搭建，具体配置如表 2.9 所示。

表 2.9　系统环境表

环境	名称
操作系统	Ubuntu18.04
GPU	NVIDIA Quadro M2000
CPU	Intel XeonE5-1620
内存	16G
硬盘	1T
编程语言	Python3.6
深度学习框架	TensorFlow1.15.0
依赖库	OpenCV、NumPy、SciPy、Matplotlib、Jupyter、scikit-image、Keras
IDE	Pycharm2020

2.3.5　模型训练

神经网络模型训练包括向前传播和反向传播两部分。向前传播训练模型参数，获得分类结果图，结合地面真实情况，根据目标函数计算损失值（loss），反向传播优化损失函数，最小化损失值。向前传播具体过程如下：

（1）两种开源数据集影像数据图幅很大，如果直接输入网络训练，显卡会出现内存溢出的问题，从开源数据集上以平均裁剪幅的方式选取大小为 64×64 的图像块共 9000 个，从制作的数据集上随机裁剪选取大小为 64×64 的图像块共 3000 个，经过数据增强扩充样本数据量，构建样本空间。

（2）构建训练数据集和验证数据集。训练集中的数据参与模型训练，训练过程中不断优化内部参数。验证集中的数据不参与模型训练，通过计算测试集分类精度和损失值来衡量模型的泛化能力，将样本数据集以 4∶1 的比例分成训练数据集和验证数据集。

反向传播的本质是优化目标函数，是通过选择合适的优化器最小化损失值的过程。首先，根据模型分类得到概率分布图；其次，结合标签真实分布范围，计算每一次迭代训练的损失值；最后，设置初始学习率，选择高效的优化算法训练网络参数，优化损失值。

深度学习需要用大量的样本数据训练检测模型，获取足够多的目标特征。而对于遥感影像来说，目前还不存在一个像 ImageNet 一样庞大的样本数据集能够供研究人员使用。我们自己制作的不透水层样本库无法达到如此大的数据量，因此无法训练出一个精度较高的模型。并且用大量样本训练一个高精度的分类模型，需要消耗大量时间。为了能够把这个深度学习方法应用到遥感图像分类中，迁移学习可以解决这个问题。使用在大数据集下训练好的高精度模型作为基础模型，如 CaffeNet 和 VGG16 等，再用少量的不透水层样本数据集对模型参数进行微调，实现模型迁移和任务转换。

对于预训练的网络（如 ImageNet 数据集），其网络的低层特征主要对应于边缘和曲线。与其随机初始化权重，可以直接采用预训练模型的权重（固定一些低层的权重值），训练更关注于重要的层（一些高层）。如果数据集与 ImageNet 非常不同，可以只固定网络一些低层的权重。本章实验使用经 ImageNet 数据集训练后的预训练模型 imagenet-vgg-verydeep-16. mat 对网络进行模型参数的初始化，然后利用采集的遥感影像样本对网络进行训练，模型主要的超参数设置为初始学习率为 0.000001，且分别采用固定、指数衰减和多项式衰减的学习率，利用 ImageNet 数据集对三种模型进行预训练后，再对影像样本进行训练，批处理大小为 16，迭代次数为 10001，使用交叉熵函数作为损失函数，采用 Adam 优化器对参数进行优化。得到模型的损失值随训练次数增加如图 2.31 所示。

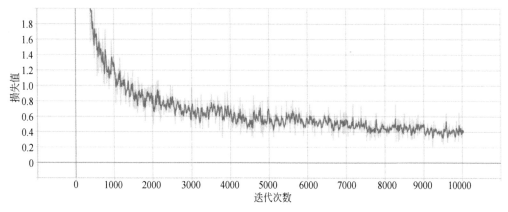

图 2.31　训练模型的损失值

2.4　深度学习提取不透水层实验

2.4.1　研究区及数据介绍

1. 高分一号

高分一号（GF-1）卫星是由我国自主研发的遥感卫星，如图 2.32 所示，于 2013 年 4 月成功发射，预计寿命 5 年左右，该卫星配备了 2m 分辨率全色/8m 分辨率多光谱传感器及 16m 分辨率多光谱传感器，详细参数如表 2.10 所示：

图 2.32　高分一号卫星

表 2.10　GF-1 卫星参数

参数		2m 分辨率全色/8m 分辨率多光谱	16m 分辨率多光谱
光谱范围/μm	全色	0.45 ~ 0.90	—
	多光谱	0.45 ~ 0.52	0.45 ~ 0.52
		0.52 ~ 0.59	0.52 ~ 0.59
		0.63 ~ 0.69	0.63 ~ 0.69
		0.77 ~ 0.89	0.77 ~ 0.89
空间分辨率/m	全色	2	16
	多光谱	8	

实验中用到的光学影像是基于 2m 分辨率全色和多张 8m 分辨率多光谱融合得到的光学影像，融合得到的光学图像不但有很高的分辨率，同时也加入了颜色分辨率，具有很好的处理效率。

2. 实验区概况

实验区选取高分一号 16m 分辨率的武汉 2020 年遥感影像，武汉是中国中部地区的中心城市，长江经济带核心城市，全国重要的工业基地、科教基地和综合交通枢纽，影像范围为 113°41′ ~ 115°05′E、29°58′ ~ 31°22′N，影像大小为 8569. 15km²，本章使用的高分一号影像从中国资源卫星应用中心（http：//www. cresda. com/CN）获取，原始影像如图 2. 33 所示。

图 2. 33　高分一号原始遥感影像

2. 4. 2　数据预处理

1. 大气校正

大气校正是消除了大气干扰、地形等因素的影响，从而获得真实的反射率数据，并对其进行动态监测的过程，这是预处理中比较重要的环节。本设计中通过选择 ENVI Classic 软件下的 Basic Tools 工具中的 Preprocessing—General Purpose Utilities—Dark Subtract 进行大气校正，首先选择的是待校正的遥感影像，然后对影像的像素值进行选择，这里选择波段的最小值（band minimum），最后选择路径对影像进行的输出。

2. 镶嵌

影像的镶嵌过程是将多于两景的影像进行无缝拼接，完成一幅完整的大场景影像的过程（王晨巍和王晓君，2016）。本书中利用 ENVI 软件的 Georeferenced Mosaicking 功能来完成，主要过程为：进行颜色平衡的调整，将 RGB 的波段设为 3，2，1；通过设置影像背景数值对影像的背景黑边进行忽略处理，即将背景值设为 0；对两景相邻覆盖影像的镶嵌边缘进行处理，将羽化值设为 10。在镶嵌过程中要注意：

（1）镶嵌之前需选择一张基准影像（Fixde），作为镶嵌过程中对比度匹配及出现跨带问题时镶嵌后输出影像的地理投影、数据类型的基准，并以此作为颜色平衡参考（Adjust）对其他影像进行调整；

（2）镶嵌过程中，任一两景影像间能够有一定区域的重合面，以解决两张影像间的镶嵌线问题，得到视觉上完整的影像。经过对遥感影像的正射纠正、配准、融合、镶嵌及色彩处理，得到预处理后的遥感影像，给出镶嵌前后的遥感影像对比。

3. 裁剪

图像裁剪的作用是保留所研究区域的影像，并且保证所裁剪部分信息丰富、易于表达等特点，主要分为两部分进行相应裁剪：掩膜计算及矢量数据的栅格化。掩膜计算是通过已有的图像对被裁剪的影像进行遮掩，裁剪所需大小的影像。矢量数据的栅格化是将矢量数据（即裁剪线）转化为栅格文件，定义矢量数据投影，使其与栅格文件投影一致；在栅格数据中通过将所裁剪的区域设为1与被裁减的影像进行交集处理，输出即为裁剪的结果。

本书中用到的裁剪方式即为矢量数据的栅格化，其裁剪过程需要利用 ArcGIS 与 ENVI 协同完成，首先利用 Polyline 工具在 ArcGIS 中画出裁剪线，保持裁剪线与影像投影一致；其次将矢量数据的裁剪线保存到 ENVI 中，利用 ENVI 的裁剪模块对影像进行裁剪，完成裁剪过程。

4. 数据格式转换

投影变换（projection transformation）是地图投影之间相互转换的方法及理论，根据遥感数据需求进行自定义投影设置。本书采用的遥感数据是高分一号卫星数据，其影像本身自带 WGS84 坐标。通过正射纠正的过程，将其地理坐标变为 UTM 投影坐标，再利用 ArcGIS 中的投影变换工具，根据应用要求将其转为需要的投影信息。

武汉市高分一号影像经过预处理之后影像如图 2.34 所示。

图 2.34　武汉市高分一号预处理后影像

2.4.3　实验结果与分析

实验采用总体精度（OA）、F1-score、Kappa 系数及平均交并比（mIoU）这 4 个评价指标对网络分割性能进行评估。这些评价指标都是基于混淆矩阵计算的。

在 TensorFlow 下搭建网络基本框架，对网络中的参数进行设置，再对数据集预处理完成后，对全卷积网络（FCN）完成训练。为了对构建好的模型进行测试，将 3000 块验证集和测试集输入网络中进行分类。在得到的测试数据集分类结果上按照评价标准计算各项指标对原始的测试集进行定量分析。

同时为了对本章方法进行验证，可将其与支持向量机（support vector machine，SVM）方法进行对比，SVM 方法是传统机器学习常用的一种智能化监督分类方法，在人工智能（artificial intelligence，AI）领域表现良好。本书利用 ENVI 内嵌的 SVM 分类模块进行对比实验，参照真实地物分类标签制作 ROI，核函数选择使用径向基函数（radial basis function，RBF）进行分类，同样对原始测试数据集进行评价。SVM 模型的 Kappa 系数为 75.51%；FCN 模型的 Kappa 系数为 79.11%，训练时长为 93.19h；引入迁移学习后的 FCN 模型的 Kappa 系数为 81.42%，训练时长为 85.24h。

通过定量对比分析可知，基于 FCN 对遥感影像地物目标进行分类相较于传统的 SVM 方法，从总体精度（OA）和 Kappa 系数等多种不同评价指标值来说，基于 FCN 均高于 SVM 方法。基于 FCN 对影像的分类定量结果提升了 5% 以上，相比于 SVM 传统分类方法更有效。引入了迁移学习之后的 FCN 在相同训练数据量的情况下，时间更短、效果更好。

图 2.35 展示了几种分类方法的预测结果，其中（a）、（d）是原始待分类影像，（b）、（e）是 SVM 方法的分类结果，（c）、（f）是基于 FCN 的分类结果。可以看到，SVM 方法的分类与原始影像地物目标类别大致一致，但存在较多的噪声点，分类效果相较于基于 FCN 的方法来说较差，基于 FCN 的地物目标分类没有这种噪声现象。基于 FCN 与原始影像实际地物目标真实标签更接近，从视觉上来说，分类结果更加一致，证明了本书方法的有效性。从各项评价指标来说，基于 FCN 的分类结果优于 SVM 方法。

同时对基于 FCN 和 SVM 方法进行分析，基于 FCN 的影像地物目标分类，只需要提供网络准确的训练数据集，网络智能化的学习地物目标的特征。得到的具体的网络模型后，直接将待分类的影像输入训练好的网络模型中，网络就能智能化的提取和学习地物目标的特征，然后自动化的对输入影像地物目标分类并输出预测结果图。这是一种端到端的方法，不再需要人为的对特征和参数进行设计和调整，在足够的计算机计算力支持下，减少了人工参与，能对大规模的影像数据集包含的地物目标进行快速、准确地分类。

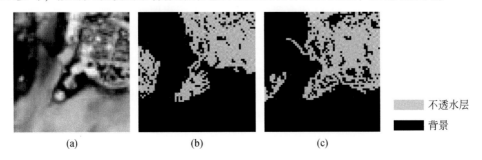

　　不透水层

　　背景

　　　　　（a）　　　　　　　　　　　　（b）　　　　　　　　　　　　（c）

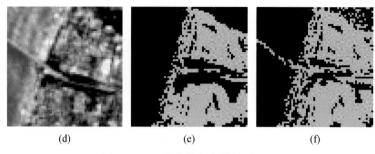

(d)   (e)   (f)

图 2.35　两种分类方法结果对比图

2.5　结论与展望

2.5.1　结论

不透水面作为城市系统的重要组成部分,与城市发展规划及城市环境息息相关。获取不透水面的大小、位置、几何形态及空间格局等数据,可以帮助城市建设者、景观设计师及政府相关人员提供重要参考。与此同时,城市发展所造成的不透水土地面积增加会对水文循环和相应的水质产生巨大影响。不透水覆盖面的增加会严重影响雨水下渗,从而增加地面径流量,给市政给排水工程带来困扰。同样,由于雨水下渗量的减少,城市不透水面会给城市地下水资源补给带来威胁。除此之外,由于不透水材料比热容通常比裸露的土地高,所以当大面积的不透水材料覆盖了城市大部分地区时,会导致城市热岛效应的出现,即城市地区的大气和地表温度高于周围农村地区的现象。伴随着城市热岛效应的高温,城市居民的空调需求增强,从而加剧城市污染,并可能引起城市气候变化。因此,对不透水面的持续测绘和监测对于研究城市规划、发展和环境保护至关重要。

本章在对不透水层提取方法调研基础上,以武汉市为研究区,获取覆盖整个研究区两张哨兵 2 号卫星影像数据,通过影像数据的预处理、制作深度学习模型样本数据集、训练FCN 模型,以及模型精度和实验结果分析,证明 FCN 深度学习模型在中分辨率遥感影像不透水层提取上具有较高的精度;然后,以武汉市为例进行提取实验。本章的研究成果可为城市发展规划、环境保护提供理论依据。主要开展了如下研究:

(1) 总结了不透水层提取方法研究现状和深度学习基础理论。目前已有的普通提取方法和深度学习方法都存在一定的不足,影响了不透水层提取精度。并且选取了语义分割模型中最基础的 FCN 模型进行中分辨率遥感影像不透水层提取研究。

(2) 研究了 FCN 模型的深度学习道路信息提取方法。选择北京市通州区哨兵 2 号影像通过自动制作的方法获得样本数据集,并处理开源的数据集,样本数据信息分为不透水层和其他,根据训练模型的特点,最终开源数据和制作的样本共获取 12000 个 64 像素×64像素的样本,包括原始图像和对应的标签图像。同时,研究了模型训练次数和训练样本量对 FCN 模型性能的影响,根据模型训练过程中损失函数的收敛性,确定模型的训练次数为 10001；模型的样本数据集分为训练样本集和测试样本集，分别设置模型的训练样本量为 80% 对样本图像进行模型的训练，并对模型精度和训练时间进行比较分析。

（3）基于 FCN 模型的中分辨率不透水层提取实验。选取预处理后武汉市 16m 分辨率的 GF-1 卫星影像，进行引入迁移学习和不引入迁移学习的不透水层提取实验，实验表明，相同样本数据情况下迁移学习的加入大大缩短的 FCN 模型的训练时间，并且实验的精度也较高。然后我们选取相同数量的开源数据样本和自己制作的样本进行训练，实验的效果相差不多，因此可以肯定我们的自动制作样本的方法。从整体效果来看，基于 FCN 模型的中分辨率遥感影像不透水层提取精度较高，并且具有较好的迁移性，能够满足城市规划、发展，环境保护的需求。

2.5.2　展望

本章的实验研究可以验证基于 FCN 模型的深度学习方法提取中分辨率遥感影像的不透水层信息，提取精度较高、效果较好，但仍存在一些问题需要解决：

（1）深度学习模型训练样本的问题有待继续研究：由于深度学习模型的黑盒属性，训练样本的质量也直接影响网络模型的分类精度。一方面，而深度学习模型需要大量的样本数据进行训练，本章中使用自动提取不透水层的方法获取样本，该方法在大大缩短了制作样本集时间，并不断优化，最终的样本准确度高，但没有达到完全手工标注的准确程度。所以需要继续寻找优化方法保证快速的情况下做到更好的效果。另一方面，也可以在保证深度学习模型精度的同时，继续研究小样本量训练模型的方法。

（2）研究 FCN 模型不透水层的分类。本章中 FCN 模型的样本图像只考虑了目前国内的常见不透水层样本，样本的多样性没有满足，需要在后续的研究中发现并添加更多种类的不透水层数据，丰富样本类别，增加训练模型的泛化能力。

（3）本章中实验验证了基于 FCN 模型的中分辨率遥感影像不透水层提取准确度较高，但是并没有使用语义分割模型准确率更高深度学习模型来验证我们自动制作的样本。

我们还可以通过修改 FCN 模型的网络结构来提高分类结果。

第3章 时间序列地表覆盖更新

对地观测卫星数量的不断增加,带动了卫星图像时间序列(satellite images time series,SITS)的发展,近年来,随着卫星数据的免费提供,系统地进行大面积时间序列地表覆盖监测开始流行。地表覆盖产品的空间和时间分辨率提高为理解我们不断变化的星球提供了大量的信息。

本章以时间序列增量更新的思路实现地表覆盖产品获取。从提升变化区域的分类精度及基于基准产品更新过程的精度两个方面出发,利用超像素协同分割算法从图像中提取变化图斑;结合局部光谱特征证据、预期类别变化证据及 D-S 证据融合算法,实现变化区域的遥感影像分类;引入碎片多边形的概念,对增量部分边界进行调整,提高边界与基准地表覆盖图的契合度,提升在更新过程中的产品精度。

以中国江西北部地区的国产高分一号宽视场角时间序列遥感影像进行实验,利用分类决策规则所得两期遥感影像增量部分的总体分类精度达到了 93.7% 和 91.6%。通过对碎片多边形的处理,两期影像中的碎片多边形只占总体面积的 0.96% 和 0.98%,虽然占比较小,但确实对地表覆盖产品的地物类型边界进行了调整。最终得到更新的两期地表覆盖产品总体精度为 85.2% 和 86.3%。

3.1 时间序列地表覆盖产品

地表覆盖变化作为全球环境变化的原因和结果,影响着全球能量平衡和生物地球化学循环,因此迫切需要对全球地表覆盖进行连续、动态的监测。美国国家研究委员会(National Research Council,NRC)2001 年列出了 8 项环境科学的重大挑战(National Research Council,2001),其中一项就是土地利用动态(land-use dynamics),是指系统地了解对生态系统功能和人类福祉至关重要的土地利用和地表覆盖的变化。其重要的研究领域包括将土地变化理论与对地观测图像联系起来,利用遥感图像识别地表覆盖变化,为土地利用、地表覆盖和相关社会信息建立长期的数据库。长期的地表变化监测其中一项重要的数据是利用遥感影像获取的时间序列的地表覆盖产品。"千年生态系统评估–研究需求"(Carpenter *et al.*,2006)一文中指出,进行评估时,缺乏关于地表覆盖变化的全球时间序列信息明显制约了决策者的评估能力。全球、地区、国家各种不同范围的地表覆盖产品应该以多空间尺度、多时间维度的产品来满足用户的需求。在 GCOS-107(global climate observing system-107)报告中提供了关于基本气候变量(essential climate variable,ECV)的说明,在其中提到了对地表覆盖的主要需求是提供 0.25~1km 分辨率的每年更新的产品及 10~30m 分辨率的每 5 年更新的产品。在常规情况下,生产每年更新的 30m 分辨率地表覆盖产品是困难的,一般需要 5 年或更长的时间来收集大范围地区完整的、无云的影像,制作生产地表覆盖产品。

最近,国内外许多研究机构和学者发布了长时间序列的全球地表覆盖图,但这些成果图大部分都集中在一个类别上，如水体（Wood *et al.*，2012；Pekel *et al.*，2016；Ji *et al.*，2018）、不透水面（Schneider *et al.*，2010；Zhang and Seto，2011；Gong *et al.*，2020）、农田（Pittman *et al.*，2010），以及主要描述植被变化的植被连续场（vegetation continuous fields，VCF）（Song *et al.*，2018）。

下列几种 0.25 ~ 5km 空间分辨率的时间序列全球地表覆盖产品，包括较为完整的地表覆盖类型。Liu 等（2020）利用 GEE 平台，采用随机森林监督分类方法获得了长达 34 年的 5km 分辨率全球地表覆盖年动态（GLASS-GLC）数据。利用 1982 年至 2015 年的甚高分辨率辐射计（advanced very high resolution radiometer，AVHRR）生产的 GLASS 与早期的全球地表覆盖产品相比，具有高一致性和更长时间覆盖的特点。基于 2431 个测试样本，农田、森林、草地、灌丛、冻原、荒地、冰雪 7 个等级的平均总精度为 82.81%，基于 GLASS-GLC 可以进行长期的地表覆盖变化分析，提高对全球环境变化的认识，减轻其负面影响。GLASS-GLC 数据集可在 https://doi.org/10.1594/PANGAEA.913496 下载。GLASS-GLC 数据是每年单独分类的。

欧洲航天局（ESA）气候变化倡议（CCI）的第二个阶段产品目前包括全球 1992 ~ 2015 每年的 300m 分辨率地表覆盖图（http://maps.elie.ucl.ac.be/CCI/viewer/index.php）。1992 ~ 2015 年每年的全球地表覆盖产品制作是基于 AVHRR、SPOT-VGT、MERIS FR 和 RR、PROBA-V 卫星数据和相关的元数据；最新 2016 年全球地表覆盖图制作复合了 Sentinel-3 OLCI 和 SLSTR 卫星的数据和相关元数据；分类类型参照地表覆盖分类系统 LCCS，以尽可能与 GLC2000、GlobCover2005 和 GlobCover2009 产品兼容。CCI-LC 每年产品不是独立分类生产的，他们都源于一个基准地表覆盖图，是由 2003 年到 2012 年整个 MERIS FR 和 RR 的影像产生。以基准图为基础，结合 1992 年到 1999 年的 AVHRR 数据、1998 年到 2013 年的 SPOT-VGT 数据和 2013 ~ 2015 年的 PROBA-V 数据，检测出地表覆盖变化。最后更新基准地表覆盖图生产出 1992 ~ 2015 年每年一期共 24 期的地表覆盖产品。

生产每年地表覆盖产品的模块首先利用卫星数据，对每一年的影像进行分类，再利用时间序列来分析地表动态变化。为了避免分类后变化检测方法由于分类的年度不一致而导致的错误变化检测，每个变化像素必须在分类时间序列中出现连续两年及以上变化类型才认为是变化像素。如图 3.1 所示，黑色箭头指向的部分被识别为确实发生变化的年份。

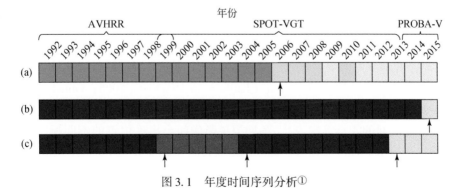

图 3.1　年度时间序列分析①

————————

① CCI-LC. 2014. CCI-LC Product User Guide. UCL-Geomatics（Louvain-la-Neuve），Belgium.

2001 年至 2016 年（500m）的 MODIS 地表覆盖类型系列产品 MCD12Q1 是波士顿大学（Boston University，BU）利用中低分辨率 MODIS 卫星影像生成的，简称 MLCT，产品的更新周期为 1 年（Friedl et al., 2010；Sulla-Menashe et al., 2019）。数据获取网址为 https://lpdaac. usgs. gov/data_access。采用监督分类算法对每年影像进行分类得到各年产品。由于影像分辨率低，不同年份产品由于受到混合像素的影响，在地物交界地带的分类结果不一致，此外还因物候变化，以及火灾、干旱、虫灾等灾害使得不同年度产品之间可比较性受到影响。MODIS Collection 5 产品开发了一种稳定分类结果的算法以减少年与年产品间比较时的伪变化。每个像素加了与基类有关的后验概率（posterior probability）约束值，如果像素分类结果与前一年不同，只有在新类型的后验概率值高于以前的后验概率值时，类型才会改变。但这种方式可能造成地表变化区域传递不正确的类型，使得地表不能更新。因此产品在连续 3 年的时序数据上进行分析，这样既能准确更新地表变化，还能减少 10% 伪变化，如图 3.2 所示。

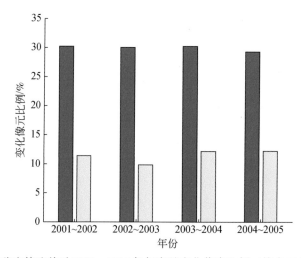

图 3.2　在执行稳定算法前后 2001～2005 每年产品变化像素比例（摘自 Friedl et al., 2010）

然而，比较不同年度的地表覆盖产品 MLCT 得到的地表变化还是高于地表真实的变化。因此得出的结论是，获得地表覆盖的变化通过 MLCT 产品直接相减并不适宜（Friedl et al., 2010）。

一种能更好地保持时间序列地表覆盖产品间一致性的方法是只更新发生变化的区域（Giri, 2012）。在加拿大的地表覆盖产品制作中，使用卫星影像进行变化检测，对这些变化进行分类以创建更新的地表覆盖产品（Latifovic and Pouliot, 2005；Olthof et al., 2015）。由于卫星观测中的固有噪声（如大气条件、几何差异、植被物候学、传感器–交叉传感器校准、赤道穿越时间的漂移等噪声），各期卫星影像间会出现位置的不匹配，造成各期地表覆盖产品之间的不一致，从而影响提取的地表覆盖变化及分类结果的精度。变化检测技术使用变化矢量（change vector，CV），为了降低不一致性，变化像素的分类中应用到的决策规则包括：局部光谱特征证据（local spectral signature evidence，LSSE）、本地类别比例证据（local category proportion evidence，LCPE），以及基于先前像素类别和改变方向的预期类别变化证据（expected category change evidence，ECCE）3 项指标。使用 D-S 证据融合算法，将 3 个证据源合并来代表每个地表覆盖类别置信度值。更新的像素标签被定义为具有最大置信度的类，E_c 为具有最大置信度的类。

$$E_c = \text{LSSE} \oplus \text{LCPE} \oplus \text{ECCE} \tag{3.1}$$

用上述方法生成了加拿大全国自 1985 年起，每隔 5 年一期的 1km 分辨率的地表覆盖产品。由于采用了增量更新的方法，同时考虑了光谱（LSSE）、周围像素的类别（LCPE）和地物类别间转换的规律（ECCE），获得的各期产品间保持了较好的一致性。本书分类部分参考了这一做法。

以上介绍了几种 300m ~ 5km 空间分辨率的全球时间序列地表覆盖产品，产品更新的周期多为 1 年。下面介绍的是 30m 分辨率的全球、地区、国家范围的具有时间序列地表覆盖产品的情况。在时间序列研究中，美国陆地卫星（Landsat）数据是使用最多的一种原始影像数据，这是因为陆地卫星记录自 20 世纪 80 年代以来，不断提供 30m 分辨率的全球影像，时间长（>35 年）、影像波段丰富，包括可见光、近红外和短波红外数据，适合于监测目的，而且图像空间分辨率高（30m），适合检测地表覆盖变化（Roy et al.，2009）。人们利用可用的陆地卫星数据，以适当的时间频率生成时间序列数据集，并生成连续的地表覆盖趋势信息，及提供地表变化信息（Zhu and Woodcock，2014；Zhu et al.，2015）。

澳大利亚的碳核算系统（NCAS-LCCP）使用陆地卫星（Landsat）遥感影像来监测澳大利亚 34 年间的森林覆盖变化的情况，主要利用的是时间序列美国陆地卫星 30m 分辨率遥感影像。该产品将地表覆盖的监测扩大到稀疏林地与城市变化的监测，以满足碳核算和自然资源管理需求。与 ESA-CCI 产品类似，采用长时间序列的影像，监督分类各个不同年份影像来形成估计类型参数，再通过时空模型减少分类错误。分类时首先较为精确地确定一个基准图像的分类，以基准图像的后验概率作为其他年份图像分类的依据，时空模型联合分析某像素不同年份的分类结果及周围像素的类型以提高分类的精度。

美国地质调查局（USGS）与多个联邦机构合作，在过去 20 年中研制并发布了 5 个 30m 分辨率的国家地表覆盖数据库（NLCD）产品：NLCD 1992、NLCD 2001、NLCD 2006、NLCD 2011 和 NLCD 2016，产品更新周期为 5 年。这些产品提供了有关国家地表覆盖和地表覆盖变化空间明确的和可靠的信息（Yang et al.，2018）。NLCD 1992 是作为一个单一数据集独立生产的。NLCD 2001、NLCD 2006 和 NLCD 2011 的研制是通过增量更新方法，更新前一期产品获得的，使用的变化检测算法是多指标综合变化分析（multi-index integrated change analysis，MIICA）的双时相影像变化检测（Jin et al.，2013）。MIICA 利用 4 个光谱变化指数进行变化检测，综合结果得到变化图。对于 NLCD 2016，除了使用 MIICA 模型外，还利用多时相陆地卫星图像检测和量化了 2001 年至 2016 年每 2 ~ 3 年间隔的光谱变化，利用了几种现有的和新发展的光谱指数：①归一化燃烧比（normalized burn ratio，NBR）、②归一化植被指数（NDVI）、③变化矢量（CV）、④相对变化向量（relative change vector，RCV）及⑤归一化光谱距离（normalized spectral distance，NSD）。这些光谱指数用于检测 2001 年至 2016 年多时相域的光谱变化。此外，还使用植被变化跟踪器（vegetation change tracker，VCT）生成的干扰图（Huang et al.，2010）将多时相光谱变化扩展到 1986 年，以形成更长的时间序列干扰数据集。这个 1986 ~ 2016 年的扰动数据集在训练数据的创建、分类和后处理中起着非常重要的作用。

我国国家基础地理信息中心研制的 GlobeLand30 已陆续推出了三期全球 10 个类型 30m 分辨率地表覆盖产品，包括 2000 年、2010 年和 2020 年，各期产品总体精度均超过 80%。GlobeLand30 数据研制使用的影像包括美国陆地卫星（Landsat）的专题制图器（thematic mapper，TM）、增强型专题制图器（enhanced thematic mapper，ETM+）、OLI 多光谱影像和中国环境减灾卫星（HJ-1）多光谱影像，2020 版数据还使用了 16m 分辨率高分一号（GF-1）多光谱影像。未来 GlobeLand30 还将进行持续更新（Chen et al., 2017）。图 3.3 为 GlobeLand30 2000 年、2010 年和 2020 年的总览图。

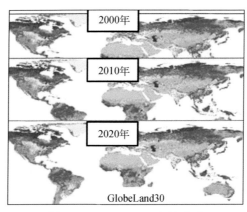

图 3.3　GlobeLand30 产品系列

清华大学的精细分辨率观测和监测全球地表覆盖（FROM-GLC）产品目前共发布了全球 30m 分辨率的 2010 年、2015 年和 2017 年三期（Gong et al., 2013, 2019）。宫鹏研究组结合免费获取的 10m 分辨率 Sentinel-2 全球影像，利用 GEE 平台强大的云计算能力，开发出了世界首套精细分辨率（10m 分辨率）观测和监测全球地表覆盖产品——FROM-GLC10。

评价地表覆盖变化对环境过程的影响，需要详细了解地表覆盖的时空分布。通过不同时间同一地区的卫星遥感影像分类得到的时间序列地表覆盖产品，很难保证时间一致性，因为多期的观测是在不同的条件下获得的，导致了年际之间反射率的差异。当将各期影像单独分类成多年的地表覆盖产品时，产品间相互比较获得的地表覆盖变化通常会存在伪变化。一般来说，基于分类后比较的变化检测精度是原始两期地表覆盖产品精度的乘积。Bontemps 等（2012）讨论了在气候建模领域地表覆盖产品一致性的重要性，指出在某些例子中多期产品之间的一致性比产品的绝对精度更关键。简单的时间滤波方法经常用于对地表覆盖时间序列产品进行修正，消除不一致性。一般是在一个 3 年的时间窗口中 [($t-1$, t, $t+1$)]，如果 $t-1$ 时间的像素地表覆盖类型与 $t+1$ 时间相同，与 t 时间不同，便用 $t-1$ 时间的类型代替 t 时间的类型，这就消除了零星的地表覆盖错误的变化。

美国地质调查局开展的地表覆盖变化监测、评估和计划（land change monitoring, assessment, and projection, LCMAP）的倡议中，根据陆地卫星记录的时间序列数据（即 Landsat-4、Landsat-5、Landsat-7 和 Landsat-8），使用 30m 分辨率的 TM、ETM+ 和 OLI 传感器收集时间序列数据。LCMAP 是要获得每年的美国全国范围 30m 分辨率的地表覆盖及其随时间的变化信息，计划的实现是通过提高处理、分析和存储数据的效率，并使数据和信息随时可供用户使用。LCMAP 的基础是利用不断增长的陆地卫星档案，将其生成为 Landsat 的分析就绪数据（analysis ready data，ARD）。每年的 ARD 是由 USGS 提供，这些数据已被处理到几何和辐射质量的最高水平，适用于时间序列分析，方便进行数据产品制作（USGS，2017；Dwyer *et al*.，2018）。

LCMAP 的地表覆盖分类算法与一般的研究不同，分类是基于时间序列模型分析获得的。此外通过时间序列分析提取地表覆盖的变化信息，计算每个像素的光谱响应的公式为

$$\widehat{p}(i,t) = c_{0i} + c_{i1}t + \sum_{n=1}^{3}\left(a_{ni}\cos\frac{2\pi nt}{T} + b_{ni}\sin\frac{2\pi nt}{T}\right) \tag{3.2}$$

式中，t 为日期的序号，1 月 1 日的序号为 1；i 为 Landsat 的波段号；T 为每年中的平均天数，为一常数 365.2425；a_{ni}、b_{ni} 为 Landsat 的第 i 波段 n 阶季节谐波系数的估计值；c_{0i}、c_{i1} 为 Landsat 的第 i 波段截距和坡度的估计值；$\widehat{p}(i,t)$ 为 Landsat 的第 i 波段在第 t 天的估计值。

图 3.4 为某个发生过森林砍伐的像素在红、近红外和短波红外 3 个波段上的光谱反射值。其中，绿色的点是质量较好的用于式（3.2）进行估算的值；小的灰色的点是在 Landsat ARD 数据中被滤掉的质量不佳的值；通过估计表面反射率得到的时间序列模型用黄色的线表示；紫色的竖线是产生断裂的异常数据点位置。森林砍伐主要是在 1988 年和 2015 年，在 1999 年和 2005 年有小规模的砍伐，使得森林变稀疏，对于这个像素来说，光

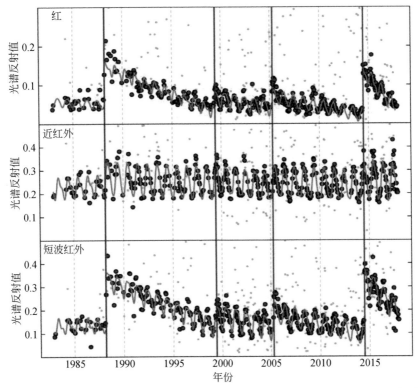

图 3.4 发生过森林砍伐的像素在红、近红外和短波红外 3 个波段上的光谱反射值

（据 Brown *et al*.，2019）

谱的不连续性主要表现在红和短波红外波段，在近红外波段不明显。

　　LCMAP 项目中利用所有可利用的 ARD 卫星影像，获得的数据结果非常丰富，如图 3.5 所示。

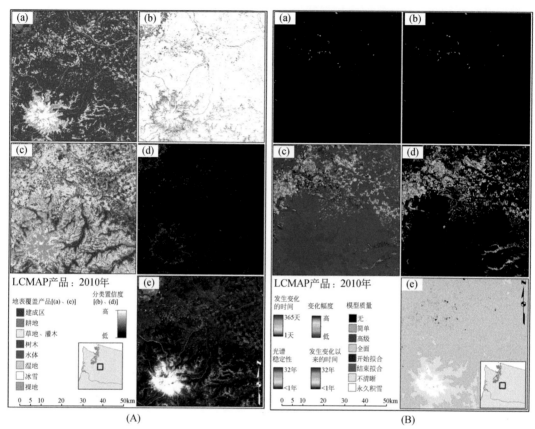

图 3.5　LCMAP 项目地表覆盖产品（A）及 LCMAP 光谱变化产品（B）示例（据 Brown et al.，2019）
LCMAP 项目地表覆盖产品（A）包括：（a）第一地表覆盖类型；（b）第一地表覆盖置信度；（c）次要地表覆盖；
（d）次要地表覆盖置信度；（e）陆地卫星数据真彩色合成影像。LCMAP 项目光谱变化产品（B）包括：（a）以一年中的某一天表示的光谱变化时间；（b）变化强度；（c）光谱稳定期；（d）自上次变化以来的时间；（e）模型质量

　　总体来说，目前生成多时间序列地表覆盖产品最常见方法有两种（Linke et al.，2008）。一种是对两个或多个时相的遥感图像进行独立分类（Cayuela et al.，2006；Lung and Schaab，2006；Boentje and Blinnikov，2007；Kozak et al.，2007），需要在每一个时相上，对每个像素进行分类，虽然该方法理论上很合理，但在实际操作中往往会遇到困难：研究区可能很大，地表覆盖类型可能很多，若要详尽地对每个像素进行分类，工作量较大又耗时，且每个独立生成的地表覆盖产品，产品间的一致性难以保证，在此基础上得到的地表覆盖产品误差往往会累积。另一种生成多时间序列地表覆盖产品的方法是通过制作一期基准地表覆盖产品，通过基准影像与目标影像之间的变化检测得到变化图斑，对变化图斑进行分类，将变化图斑的分类结果在基准地表覆盖产品（Linke et al.，2008，2009）的基础上回溯（backdating）或更新（updating），来实现多时间序列影像的地表覆盖产品更新。

如今大范围的时间序列地表覆盖产品均来源于遥感影像分类（Li *et al.*, 2015）。而目前的地表覆盖产品由于光谱混淆、影像分辨率限制及地物本身的复杂性，从遥感影像分类获得的地表覆盖土地利用产品必然包含大量的错误分类或称为不确定性（Giri, 2012）。经典的监督分类和非监督分类技术成熟但精度不高，大约在 60% 到 70% 之间。随着时间序列影像地表覆盖产品的不断流行和运用领域越来越广泛，从而使人们对于产品的精度与制作效率提出了更高挑战，并且也对于其连续性和其现势性提出了更高要求。Brown 等（2019）指出，尽管地表覆盖产品在空间分辨率、光谱、专题信息和时间信息方面都有了提升，但目前几乎没有方法能够非常成熟地达到下列的目标：①以可操作的方式在 10 ~ 30m 分辨率尺度上提供每年的地表覆盖产品；②覆盖全国到全球的尺度；③为各个地表覆盖行业提供专题产品，如之前部分的产品只针对森林地表；④提供基于统计的地表变化率及其不确定性估计。

本章以时间序列地表覆盖产品的生成为目的，利用时间序列影像增量更新的方式制作地表覆盖产品，主要流程见图 3.6。针对遥感影像变化检测算法，采用孙扬等（2018）提

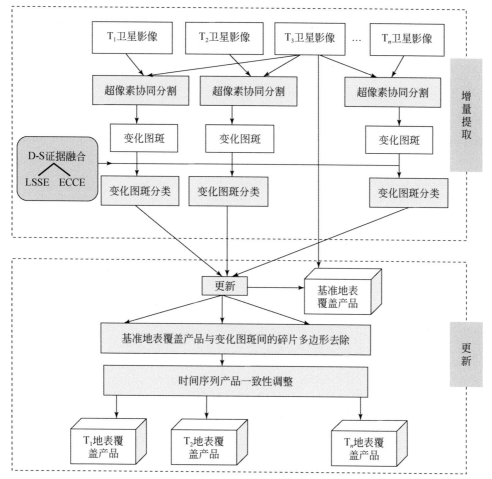

图 3.6　时间序列地表覆盖增量更新流程

出的超像素协同分割算法对基准影像与目标影像进行变化检测，实现双时相影像的变化检测。只对变化部分进行分类，可以提高地表覆盖产品的更新速度；通过结合局部光谱特征证据（LSSE）、预期类别变化证据（ECCE）及 D-S 证据融合算法设计针对变化部分遥感影像证据决策的分类规则，提高对变化部分遥感影像的分类精度。通过对更新过程中由于变化检测误差、边界模糊判断等问题产生的碎片多边形问题，设计碎片多边形的提取处理流程，对分类结果进行边界调整，为变化部分分类结果去除伪变化，提高最终地表覆盖产品的精度；最终，多期地表覆盖产品进行时间序列一致性检验，提升时间序列地表覆盖产品与基准地表覆盖产品的一致性。

3.2　证据决策分类规则

利用时间序列遥感影像进行地表覆盖产品更新，首先需要对时间序列遥感影像进行预处理，以确保后续实验结果的准确性。在预处理的基础上，以基准年份遥感影像为基础，利用超像素协同分割算法得到其他时相遥感影像的变化图斑，并对其进行分类，本节介绍所采用的分类方法为证据决策分类规则。

由于卫星观测中固有噪声的影响，遥感影像之间会出现不一致的现象，本书主要是通过合并相关信息源来减少这种不一致性给时间序列地表覆盖更新带来的影响。证据决策分类规则主要是结合了局部光谱特征证据（LSSE）及预期类别变化证据（ECCE），根据这两种证据信息源结合 D-S 证据融合算法，形成对变化区域遥感影像分类的决策规则。

3.2.1　局部光谱特征证据（LSSE）

本研究中的证据决策分类规则是利用局部光谱特征证据（LSSE）来进行变化图斑类别的判断。局部光谱特征证据是指待分类遥感影像的像素值与选取的每个样本类别之间的局部光谱相似性指标。在基准遥感影像中选取样本的基本流程如图 3.7（a）所示，选取样本时应该注意确保所有合理的类型特征都包含在分类的特征集中，样本选取应该具有代表性，这样才能保证局部光谱特征证据（LSSE）的准确性。这里使用待分类的变化像素与样本中存在的类别之间的欧几里得距离来表示其光谱相似性，计算其倒数，将该数值的总和归一化为 1，因此该值越大表示更接近给定的类型。计算公式为

$$LSSE_j = \frac{1}{\sqrt{\sum_{i=1}^{n}(x_i - m_{ij})^2}} \tag{3.3}$$

式中，$LSSE_j$ 为类别 j 的局部光谱特征证据的具体数值；x_i 为待分类影像波段 i 的像素值；n 为波段总数；m_{ij} 为在基准地表覆盖产品与基准地表覆盖影像中选取的波段 i 类型 j 的样本像素平均值。

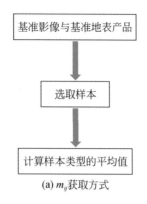

(a) m_{ij}获取方式

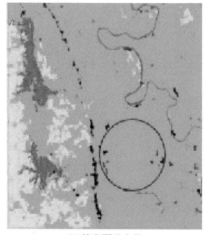

(b) 基准覆盖产品

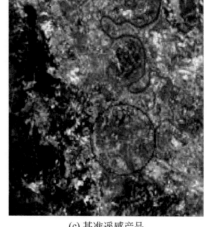

(c) 基准遥感产品

图 3.7　光谱特征证据获取说明

3.2.2　预期类别变化证据（ECCE）

分类决策中采用的另一个证据为预期类别变化证据（ECCE），该证据反映了变化区域遥感影像中地表覆盖类型预期变化的方向和有可能变为的类型。该信息主要是基于专家知识获得，也可利用已有的地表覆盖产品通过类型转换概率统计获得，详见第 6 章。利用该信息，可以将参与分类的像素类型限制在最可能的类型中，并且消除或减少不可能类型分类的可能性。例如，在基准产品中分类为裸地的地表覆盖，不会在基准产品 3 年时间内转变为森林。因为 3 年的时间跨度不足以让裸地变成森林。这种类型的知识在分类过程中起到约束作用。在本研究中，对变化区域遥感影像进行分类采用 GlobeLand30 地表覆盖产品一级类型，主要包括耕地、森林、草地、灌木地、湿地、水体、苔原、人造地表、裸地、冰川与永久积雪、海域等类型，各个类型的配色及类型代码如表 3.1 所示。

表 3.1 GlobeLand30 地表覆盖产品一级代码

类型	赋值	颜色			
		配色	R	G	B
耕地	10		250	160	255
森林	20		0	100	0
草地	30		100	255	0
灌木地	40		0	255	120
湿地	50		0	100	255
水体	60		0	0	255
苔原	70		100	100	50
人造地表	80		255	0	0
裸地	90		190	190	190
冰川与永久积雪	100		200	240	255
海域	255		0	200	255

在基准时间段回溯和更新两个方向中均创建了预期的变化权重矩阵。矩阵中数值设计为 0~9 的整数，数值的确定主要是基于被研究地区基准地表覆盖产品中各个类别的面积占比统计，以及生态分区规则的相关专家知识，该矩阵竖列表示指定的地表覆盖类别，横列为预期的变化类别，矩阵中的数值的大小代表了地表覆盖类别变化为预期地物类型的可能性的大小，数值越大，表示类型转变的可能性越大。表 3.2 为本章试验区（江西）基于生态地理分区专家知识的规则设定预期类别变化证据权重矩阵。

表 3.2 基于生态分区规则来设定权重矩阵作为预期类别变化证据

指定类别 \ 预期类别	耕地（10）	森林（20）	草地（30）	灌木地（40）	湿地（50）	水体（60）	苔原（70）	人造地表（80）	裸地（90）	冰川（100）	海域（255）
耕地（10）	9	0	2	0	0	0	0	1	0	0	0
森林（20）	1	9	2	0	0	0	0	2	0	0	0
草地（30）	3	0	9	0	0	0	0	1	0	0	0
灌木地（40）	0	2	0	9	0	0	0	0	0	0	0
湿地（50）	0	0	0	0	9	4	0	0	0	0	0
水体（60）	0	0	0	5	5	9	0	0	0	0	0
苔原（70）	0	0	0	0	0	0	9	0	0	0	0
人造地表（80）	0	1	0	0	0	1	0	9	0	0	0
裸地（90）	2	0	3	0	0	0	0	1	9	0	0
冰川（100）	0	0	0	0	0	0	0	0	0	9	0
海域（255）	0	0	0	0	0	0	0	0	0	0	9

矩阵中第一行的数值和除以所有数的和得到 a_{10}，代表耕地类型变化为其他类型的权重值，i 为行数，j 为列数，如式（3.4）所示，a_{10} 即为耕地转化为其他类别的可能性。

$$a_{10} = \sum a_{1j} \div \sum a_{ij} \tag{3.4}$$

同理，可以得到 a_{20}，a_{30}，a_{40}，a_{50}，a_{60}，a_{70}，a_{80}，a_{90}，a_{100}，a_{255} 的值。然后，进行归一化处理，通过式（3.5）得到耕地（10）转换为其他类别的权重矩阵归一化的值 w_{10}。

$$w_{10} = a_{10} \div (a_{10} + a_{20} + a_{30} + a_{40} + a_{50} + a_{60} + a_{70} + a_{80} + a_{90}) \tag{3.5}$$

同理可以得到 w_{20}，w_{30}，w_{40}，w_{50}，w_{60}，w_{70}，w_{80}，w_{90}，w_{100}，w_{255} 的值。该值则代表了该类型转变为其他类型的可能性大小（值小于 1），在本实验中采用了预期类别变化证据作为分类的参考信息源。

3.2.3 D-S 证据融合

D-S 证据理论能进行不确定性推理，D-S 证据理论起源于 20 世纪 60 年代的哈佛大学数学家 A. P. Dempster 利用上、下限概率解决多值映射问题，他自 1967 年起连续发表的一系列论文，标志着 D-S 证据理论的正式诞生。Dempster 的学生 G. Shafer 对其证据理论做了进一步发展，引入信任函数概念，形成了一套"证据"和"组合"来处理不确定性推理的数学方法。由于信任函数是能够满足比概率论弱的公理，并且可以区分不确定和不知道的差异。D-S 证据理论降低了贝叶斯方法需要有统一的辨识框架、完整的先验概率和条件概率知识等要求，既能对互相相容的命题进行证据组合，也可以对相互重叠、非互不相容的命题进行证据组合，从而在多传感器信息融合领域中得到了广泛应用。

通过空间数据的 D-S 组合规则将局部光谱特征证据及预期类别变化证据进行组合的描述，在 Moon（1990），Srinivasan 和 Richards（1990），Peddle（1995a，1995b）和 Comber 等（2004）的研究中都给出了较为翔实的说明。这种方法所具有的独特优势是：可以将给定的不相关但互不冲突的不同证据融合起来，从而实现对未定义的或不确定的空间数据进行判别。

利用 D-S 证据融合算法分类的过程中，首先对两种证据分配基本概率，在式（3.6）中，m_c 函数表示分配给两个证据的信任程度，也称为基本概率分配；$m(A)$ 为基本可信数，反映着一种证据识别为类型 A 的可能性大小，这里 A 的下标 i，j 表示类型代码；m_1 和 m_2 是由两个独立的证据源导出的基本概率分配函数；m 是分配给基准地表覆盖产品中样本的类别证据集（也称为证据向量集），乘以对两种不同证据给定的不确定因子，反映这两个证据来源对最终决策分类的置信度。

在式（3.7）中，K 为归一化因子，K 可以被认为是两个特征证据之间冲突程度的具体体现，并将其分配给两个证据作为分类的参考值。

$$m_c = K^{-1} \sum\nolimits_{A_i \cap A_j = A_n} m_1(A_i) \, m_2(A_j) \tag{3.6}$$

$$K = 1 - \sum\nolimits_{A_i \cap A_j = \phi} m_1(A_i) \, m_2(A_j) \tag{3.7}$$

通过式（3.8），求得不确定集合 Θ 中形成的组合规则，计算这两个证据共同作用产生的概率分配函数。式（3.9）为本实验的具体公式，主要是融合 LSSE 与 ECCE 两种证据。

D-S 融合证据的优点是所需要的先验数据比较直观，容易获得；可以融合多种数据和知识；数据结果表达能力较强。缺点是证据之间必须是独立的；合理性和有效性存在较大争议。

$$m_1 \oplus m_2(\Theta) = K^{-1} \sum_{A_i \cap A_j = \Theta} m_1(A_i) \, m_2(A_j) \tag{3.8}$$

$$E = \text{LSSE} \oplus \text{ECCE} \tag{3.9}$$

通过上面的计算得到每个类别的信任函数值（ε_1）与似然函数值（ε_2）。每个类别形成信任区间 $[\varepsilon_1, \varepsilon_2]$，依据判断规则对像素类别进行分类，从而达到对像素分类的效果。这里，A_1、A_2 为地表覆盖类型；$m(A_1)$、$m(A_2)$ 为融合后地表覆盖类型的证据概率值。

存在 A_1，$A_2 \subset U$，满足

$$m(A_1) = \max\{m(A_i), A_i \subset U\}$$
$$m(A_2) = \max\{m(A_i), A_i \subset U \text{ 且 } A_i \neq A_1\}$$

若有 $m(A_1) - m(A_2) > \varepsilon_1$，$m(\Theta) < \varepsilon_2$，$m(A_1) > m(\Theta)$，则 A_1 为判断结果；ε_1，ε_2 为预先设定的获取的上下限；Θ 为不确定集合。

图 3.8 为证据决策规则分类的流程图，通过自上而下的 3 个规则来层层筛选变化像素的类型。通过规则 1 和规则 2，可确定较为明确的地表覆盖类型像素，在此基础上，将筛选后的剩余像素采用 D-S 证据融合的方法进行分类。

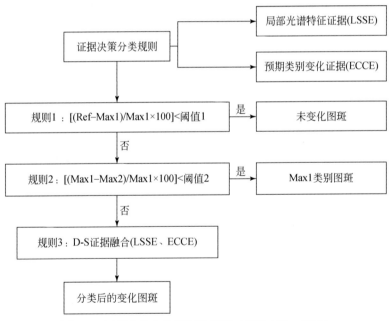

图 3.8　证据决策分类规则流程图（据卫玄烨，2020）

在规则 1 中，主要是为了确保变化区域能够被正确识别。在该条规则中 Ref 代表待分类的变化区域遥感影像的光谱特征证据，Max1 是基于基准地表覆盖产品与基准影像中的样本类型的局部光谱特征证据中数值最大的 LSSE 值。如果最大值 Max1 和待分类影像 LSSE 值之间的差值小于给定的阈值，则该部分影像的像素被认为未发生变化。这里规则 1 与规则 2 中阈值的确定，主要是根据实验区样本类型像素值的统计及基准地表覆盖产品的

类型面积统计来确定。

规则 2 用于将像素分配给局部光谱特征证据最大的值所代表的类别。将需要更新部分的最大局部光谱特征证据定义为 Max1 类别值，将第二大的光谱特征证据定义为 Max2 类别值，Max1 与 Max2 的差值如果小于给定的阈值，则将符合条件的变化区域遥感影像的类别定义为最大光谱特征证据 Max1 值所代表的类别。

在规则 3 中，如果前两个规则的条件都不满足，则利用 D-S 证据融合算法融合光谱特征证据（LSSE）和预期类别变化证据（ECCE）用于对剩余部分变化区域遥感影像的分类。因此，在证据决策分类规则中，共设定 3 个规则来实现对变化区域遥感影像的分类工作，在 3 个规则中，规则 1 和规则 2 主要是基于局部光谱特征证据（LSSE）进行分类，影响分类结果的主要原因是：①基于基准地表覆盖产品和基准遥感影像样本的选取。②局部光谱特征证据值的计算。规则 3 主要是利用 D-S 证据融合算法，融合局部光谱特征证据（LSSE）及预期类别变化证据（ECCE）形成分类规则，对不符合规则 1 和规则 2 的变化区域遥感影像进行分类，从而实现对变化区域遥感影像的精确分类。

3.3　碎片多边形提取与处理

3.3.1　碎片多边形的概念

在对遥感影像进行变化图斑提取的过程中，当变化图斑的边界与其对应的底图边界不完全一致时（即变化图斑的边界与基准地表覆盖产品的边界不契合），影像中就会产生碎片多边形（sliver polygon）。在地理信息系统领域内，这种现象将给后续的叠加操作带来误差，因而碎片多边形问题得到了较为广泛的关注。但在遥感科学领域内，与之相关的讨论和研究则相对较少（Linke *et al.*，2009）。

无论是在地理信息系统，还是基于遥感影像的地表增量更新中，碎片多边形的产生是不可避免的。由于边界绘制误差所产生的碎片多边形，会直接导致伪变化的出现，主要有 3 种形式：①边界不匹配碎片多边形；②零碎碎片多边形；③内部碎片多边形。以上 3 种情况如表 3.3 所示。土黄色为原始基准地表覆盖产品的面状要素，在变化检测中被识别为变化图斑（紫色部分），然而原始基准与变化区域由于边界契合问题产生碎片多边形（红色部分）。通过本节设计的碎片多边形提取处理流程可以去除因此产生的伪变化，并提升目标年份地表覆盖产品与原始基准地表覆盖产品的边界契合度，提升增量部分的地表覆盖产品的精度。

表 3.3　碎片多边形提取实例（据卫玄烨，2020）

原始基准地表覆盖产品（土黄）	变化图斑（紫）	碎片多边形（红）

原始基准地表覆盖产品（土黄）	变化图斑（紫）	碎片多边形（红）

在实际应用中，变化检测分类为产品的更新操作带来了挑战和局限性，图 3.9 中可以看到在增量更新的过程中，会发生边界不契合的问题，图 3.9（b）中下面的蓝色细长条部分即为由此产生的碎片多边形，图 3.9（c）部分下面的图像为存在碎片多边形更新后得到更新产品，并会产生伪变化。本节主要对方法框架进行说明，以求减弱或消除这些错误。

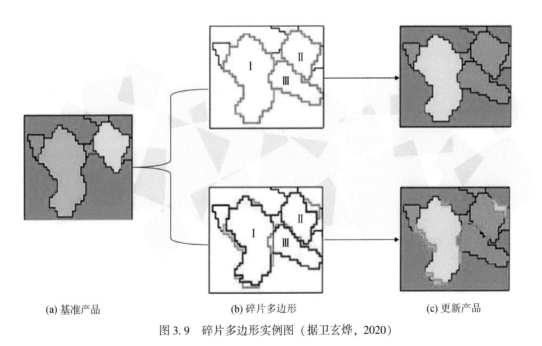

(a) 基准产品　　　　　(b) 碎片多边形　　　　　(c) 更新产品

图 3.9　碎片多边形实例图（据卫玄烨，2020）

3.3.2　碎片多边形提取处理流程

碎片多边形的提取处理流程有以下 4 个步骤：一是将变化图斑层与原始基准地表覆盖

产品进行交集求反，碎片多边形就存在于图层中；二是通过对该图层中面状要素的面积、面积周长比，以及碎片多边形与变化图斑的空间位置关系进行筛选，得到符合条件的碎片多边形；三是将碎片多边形与变化图斑进行图斑拼接，通过对变化图斑层设置 ID 属性值找到与之相邻对应的碎片多边形，将该变化图斑的类别属性赋给该碎片多边形，形成纠正后的变化图斑；四是形成新的变化图斑层，再将分类后的变化图斑叠加在原始地表覆盖产品上，完成时间序列间的地表覆盖产品的更新工作，得到最新一期的地表覆盖分类图。流程如图 3.10 所示。

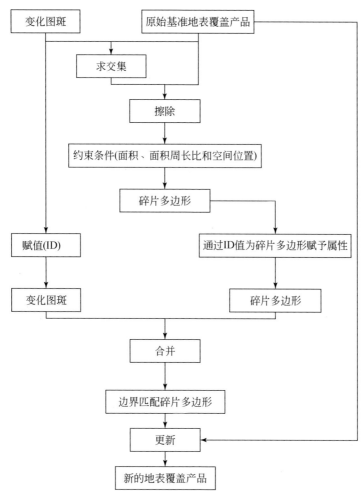

图 3.10　碎片多边形处理方法框架（据卫玄烨，2020）

图 3.11 为碎片多边形与变化图斑合并前后情况，可以看到右下角的红色变化图斑的边界得到了调整。

在进行变化图斑中碎片多边形提取时应该遵循以下 3 个原则：①提取过程中应始终以基准地表覆盖产品的边界为准；②变化特征的提取应有优先级，以此来确定操作顺序；③提取碎片多边形时定义一个最小绘图单元（minimum mapping width，MMW），从而限制

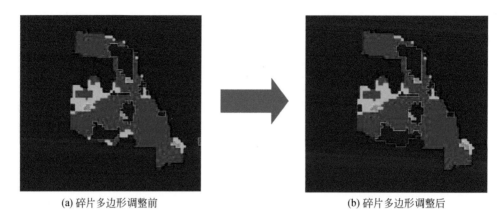

(a) 碎片多边形调整前　　　　　　　　　　　　　(b) 碎片多边形调整后

图 3.11　碎片多边形处理具体步骤（据卫玄烨，2020）

提取碎片多边形所带来的误差。

最小绘图单元指的是基准产品与变化部分分类结果之间的细碎图斑被识别为碎片多边形的最小单元。最小绘图单元的大小是通过变化图斑与基准产品之间的空间一致性来确定的。根据两期相关的遥感图像目视判断得出有可能的边界不匹配评估，如果两期影像之间未发生变化，通过该方法得到边界不匹配现象将构成最终产品在时间序列上的伪变化；相反，如果某一地表覆盖类型在这期间面积扩大或缩小，那么这个边界不匹配就被认定为真实的地面变化。通过分析研究范围内随机采样的真实变化图斑和伪变化图斑（即定义较小的最小绘图单元），利用上采样方法可以得到一个最小绘图单元阈值。通过该阈值范围设定最小绘图单元，可将变化图斑与基准地表产品相交，并利用邻近分析和最小绘图单元等约束条件，通过对相交部分的修改达到纠正边界不匹配的结果（Kozak *et al.*，2007）。因此，如果能够保证配准误差在最低限度内，应该在合理的范围内选定最小绘图单元（Linke *et al.*，2008；Kozak *et al.*，2007）。

如前文所述，碎片多边形主要出现在边界不匹配的变化图斑周围，所以碎片多边形的提取也主要在与变化图斑相邻的失配区域周围。根据以上原则，设计了根据面积、面积周长比和空间位置等 3 个条件来寻找碎片多边形的识别方法，应选择完全包含在中间矢量数据层（缓冲区域层）内的小斑块（最大 10 个像素）或细长斑块（最小面积周长比为 10）。

3.4　时间序列地表覆盖更新结果

3.4.1　实验区介绍

时间序列地表覆盖更新实验采用国产的高分一号 16m 分辨率 WFV 传感器所采集的数据作为本实验的数据来源，以江西省 2015 年 4 月的地表覆盖产品为基准图，进行地表覆盖产品的更新。

实验区选取中国江西省九江市和南昌市地区，高分一号卫星影像共 3 期，时间为 2014-04-10、2015-04-14 和 2017-04-29，实验区的经纬度范围在 115°37′~116°4′E，28°40′~

29°3′N，面积约为 1866km²。实验区遥感影像大小为 2700 像素×2700 像素。每幅影像共有 4 个波段，分别为蓝、绿、红 3 个可见光波段及 1 个近红外波段。2015 年基准产品采用 GlobeLand30-2015 地表覆盖产品，由国家基础地理信息中心提供，图 3.12 为试验区基准地表覆盖产品，总体精度为 0.8454。

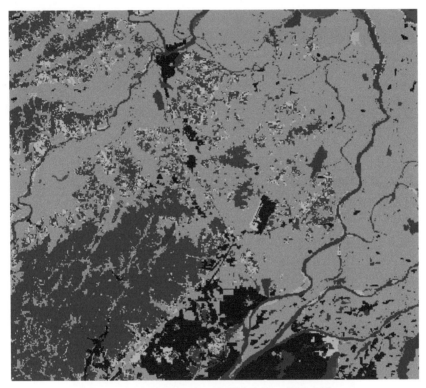

图 3.12　2015 年实验区基准地表覆盖产品（据卫玄烨，2020）

　　通过对三期遥感影像的目视判读可以看出，从 2014 年到 2015 年，以及 2015 年到 2017 年，实验区域范围内的地物类型数量并未发生改变，主要地物类型为以下 7 种为主：耕地（10）、森林（20）、草地（30）、湿地（50）、水体（60）、人造地表（80）和裸地（90）。实验区内发生变化的地物类型大多主要是因为人类生产生活活动而引起的农田，人造地表和未竣工裸地的增多及环境恶化造成的水体变化。

　　图 3.13 为江西九江与南昌地区 2014 年、2015 年及 2017 年经过预处理后的实验区域影像。

　　本研究增量信息的获取，主要采用超像素协同分割提取两时相图像的变化图斑（孙扬等，2018）。在本实验中，对高分一号影像进行超像素协同分割时的步长设定为 9，既保障了结果的精度，又提高了算法处理速度，图 3.14 为 2014 年、2017 年遥感影像分别与 2015 年遥感影像超像素协同分割的结果，（a）为 2014 年基于 2015 年的变化区域，（b）为 2017 年基于 2015 年的变化区域。

(a) 2014年预处理后

(b) 2015年预处理后

(c) 2017年预处理后

图 3.13　实验区预处理后遥感影像（据卫玄烨，2020）

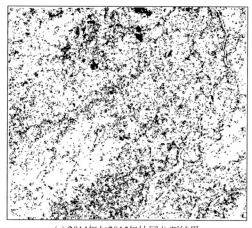
(a) 2014年与2015年协同分割结果

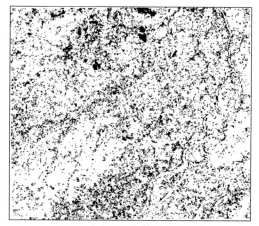
(b) 2017年与2015年协同分割结果

图 3.14　协同分割变化图斑（据卫玄烨，2020）

然后，由超像素协同分割得到的变化图斑分别对 2014 年和 2017 年的遥感影像进行裁剪，得到变化区域的遥感影像，图 3.15 为得到的变化区域遥感影像，其中（a）为 2014 年变化区域遥感影像，（b）为 2017 年变化区域的遥感影像。

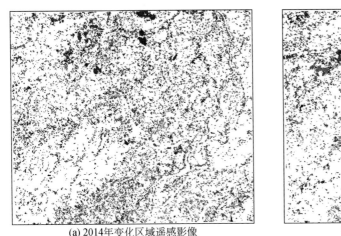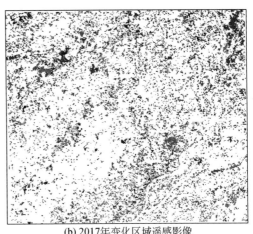

(a) 2014年变化区域遥感影像　　　　　　　　　　(b) 2017年变化区域遥感影像

图 3.15　变化区域遥感影像（据卫玄烨，2020）

3.4.2　基于证据决策分类规则的变化像素分类

1. 基于局部光谱特征证据分类结果

样本的选取主要是基于 2015 年江西地区基准地表覆盖产品及 2015 年的高分一号遥感影像对各个类别的地表进行样本选取，在 2015 年期的遥感影像上选取像素值较为统一的样本进行计算。统计其样本的像素值，并计算样本平均值。通过式（3.8）中的计算公式得到每种地物类别的局部光谱特征证据值（LSSE）。

规则 1 主要是利用光谱特征证据与待分类遥感影像的光谱特征证据（Ref）进行运算，通过对小于阈值的像素进行筛选，这里阈值的选定根据江西地区基准地表覆盖产品每种类型的像素值范围确定，这里设定为 0.05，从而达到对未发生变化但被识别为变化的像素进行筛除，从而去除一部分待分类的像素。在相隔年限为一两年之内的变化很小，一般在 2% 以内，2014 年变化区域经过规则 1 的筛除，去除部分占总的变化区域面积约 47%。2017 年筛除的部分占总的变化区域面积约 51%。图 3.16（a）、（b）分别为 2014 年和 2017 年执行规则 1 后的结果，其中浅蓝色为未发生改变的像素，深蓝色为须进一步判定的像素。

应用规则 1 能够成功筛选出未发生变化的像素及需要进一步进行判别的像素。图 3.17 为规则 1 中 2014 年未发生变化但是被识别为变化的区域遥感影像，其中（a）为经过规则 1 筛选的变化图斑，（b）为 2015 年遥感影像，（c）为 2014 年遥感影像，可以看出未发生变化的部分较好地被筛选出来。图 3.18 为规则 1 后 2014 年需进一步判别的变化图斑，基

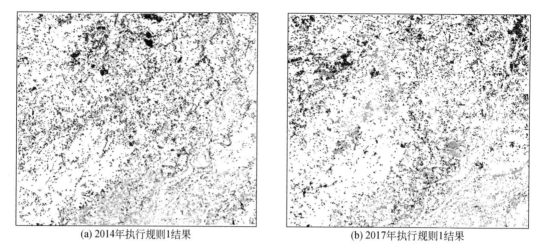

(a) 2014年执行规则1结果　　　　　　　　　(b) 2017年执行规则1结果

图 3.16　执行规则 1 结果（据卫玄烨，2020）

本筛除了未发生变化但被识别为变化的部分，其中（a）为经过规则 1 筛选的变化图斑，（b）为 2015 年遥感影像，（c）为 2014 年遥感影像。

(a) 规则1结果　　　　　　(b) 2015年遥感影像　　　　　　(c) 2014年遥感影像

图 3.17　规则 1 未发生变化示例（2014 年；据卫玄烨，2020）

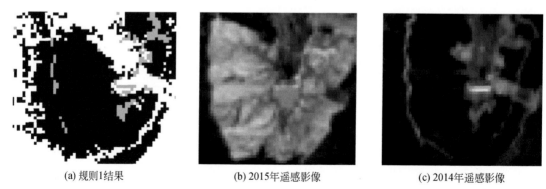

(a) 规则1结果　　　　　　(b) 2015年遥感影像　　　　　　(c) 2014年遥感影像

图 3.18　规则 1 需进一步判别示例（2014 年；据卫玄烨，2020）

图 3.19 为规则 1 中 2017 年未发生变化但是被识别为变化的区域遥感影像，其中（a）为经过规则 1 筛选的变化图斑，（b）为 2015 年遥感影像，（c）为 2017 年遥感影像。图 3.20 为规则 1 后 2017 年需一步判别的变化图斑，（a）为经过规则 1 筛选的变化图斑，（b）为 2015 年遥感影像，（c）为 2017 年遥感影像。

(a) 规则1结果　　　　　　　　(b) 2015年遥感影像　　　　　　　(c) 2017年遥感影像

图 3.19　规则 1 未发生变化示例（2017 年；据卫玄烨，2020）

 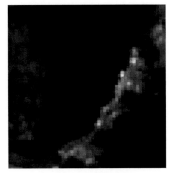 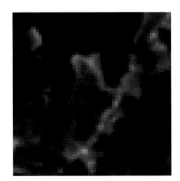

(a) 规则1结果　　　　　　　　(b) 2015年遥感影像　　　　　　　(c) 2017年遥感影像

图 3.20　规则 1 需进一步判断示例（2017 年；据卫玄烨，2020）

规则 2 主要作用是根据光谱特征证据筛选出符合阈值的区域，将其对应的遥感影像的像素分配为具有最大支持类的类别，规则 2 是筛选出变化类型较为确定的像素，剩余的像素需要进一步利用 D-S 证据融合算法分类。图 3.21 为 2014 年规则 2 得到的结果，图 3.22 为 2017 年规则 2 得到的结果，绿色为最大类的类值，红色为需要进一步分类的部分。

图 3.23（a）为规则 2 结果，其中绿色部分为检测出具有最大支持类的变化图斑，图 3.23（b）为 2015 年遥感影像，图 3.23（c）为 2014 年遥感影像，可以看出，规则 2 可较好地筛选出类型较为确定的变化像素。

图 3.24（a）为规则 2 结果，其中浅绿色部分为检测出具有最大支持类的变化图斑，图 3.24（b）为 2015 年遥感影像，图 3.24（c）为 2017 年遥感影像。

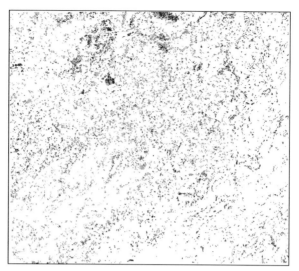

图 3.21　2014 年规则 2 结果（据卫玄烨，2020）

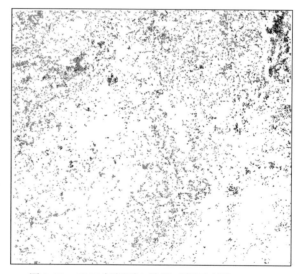

图 3.22　2017 年规则 2 结果（据卫玄烨，2020）

 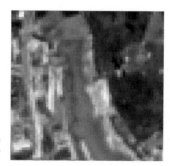 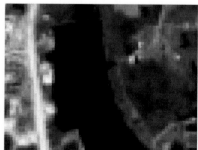

(a) 规则2结果　　　　　　　(b) 2015年遥感影像　　　　　　　(c) 2014年遥感影像

图 3.23　2014 年规则 2 示例（据卫玄烨，2020）

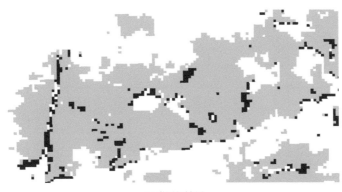

(a) 规则2结果

(b) 2015年遥感影像

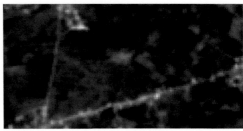

(c) 2017年遥感影像

图 3.24　2017 年规则 2 示例（据卫玄烨，2020）

2. 基于 D-S 证据融合方法分类结果

表 3.4 为正向变化（即更新）时一种类别转化为其他类别的可能性；表 3.5 为回溯时一种类别转化为其他类别的可能性。通过用 3.2.3 节中对预期类别变化证据的计算得到证据值。

表 3.4　基于生态分区规则来设定权重矩阵作为预期类别变化证据（更新）

指定类别 ＼ 预期类别	耕地（10）	森林（20）	草地（30）	湿地（50）	水体（60）	人造地表（80）	裸地（90）
耕地（10）	9	0	2	0	0	1	0
森林（20）	1	9	2	0	0	2	0
草地（30）	3	0	9	0	0	1	0
湿地（50）	0	0	0	9	4	0	0
水体（60）	0	0	0	5	9	0	0
人造地表（80）	0	1	0	0	1	9	0
裸地（90）	2	0	3	0	0	1	9

表 3.5　基于生态分区规则来设定权重矩阵作为预期类别变化证据（回溯）

预期类别 \ 指定类别	耕地（10）	森林（20）	草地（30）	湿地（50）	水体（60）	人造地表（80）	裸地（90）
耕地（10）	9	0	4	0	0	0	0
森林（20）	0	9	1	0	0	0	0
草地（30）	3	0	9	0	0	0	0
湿地（50）	0	0	1	9	5	0	0
水体（60）	0	0	0	5	9	0	1
人造地表（80）	2	1	1	0	0	9	0
裸地（90）	3	1	3	0	0	4	9

　　D-S 证据融合算法主要是融合了局部光谱特征证据（LSSE）及预期类别变化证据（ECCE），通过 3.2.3 节中对两种证据的融合，形成对每种类型的置信区间，通过计算得到每个像素的证据值，根据置信区间对其进行分类，在综合两种证据计算证据值时，对两种特征证据分配置信因子 LSSE 为 0.6，ECCE 为 0.4，通过对变化区域的遥感影像进行分类得到最终的规则 3 的分类结果。经过规则 1 和规则 2 后剩余的变化区域的遥感影像如图 3.25 所示，其中（a）为规则 2 后需要分类的 2014 年遥感影像，（b）为规则 2 后剩余需要分类的 2017 年遥感影像。

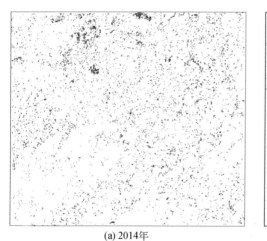
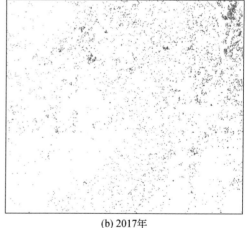

(a) 2014年　　　　　　　　　　　　　(b) 2017年

图 3.25　规则 2 后需要分类的遥感影像（据卫玄烨，2020）

　　由 D-S 证据融合算法对剩余的变化部分的遥感影像进行分类，得到的分类结果如图 3.26 和图 3.27 所示，图 3.26 为 2014 年的分类结果，图 3.27 为 2017 年的分类结果。

　　结合规则 1、规则 2 及规则 3 组成的证据决策分类规则对 2014 年和 2017 年变化区域的遥感影像进行分类，得到了两期变化区域的遥感影像分类图。图 3.28 为 2014 年变化区域的遥感影像分类图，图 3.29（a）为 2014 期遥感影像示例、图 3.29（b）为 2015 期遥感影像示例、图 3.29（c）表示 2014 年变化部分的遥感影像被识别为耕地的示例。

图 3.26　2014 年规则 3 的遥感影像分类结果（据卫玄烨，2020）

图 3.27　2017 年规则 3 的遥感影像分类结果（据卫玄烨，2020）

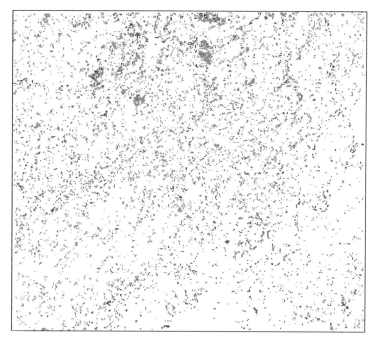

图 3.28　2014 年变化区域的遥感影像分类图（据卫玄烨，2020）

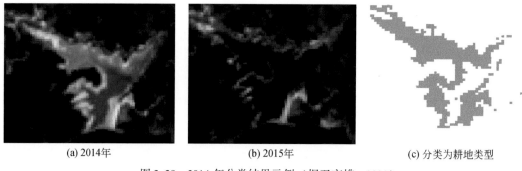

（a）2014年　　　　　　　（b）2015年　　　　　　（c）分类为耕地类型

图 3.29　2014 年分类结果示例（据卫玄烨，2020）

图 3.30 为 2017 年变化区域的经过分类决策规则得到的遥感影像分类图。图 3.31 为 2017 年变化区域的遥感影像分类图，其中（a）为 2015 期遥感影像示例、（b）为 2017 期遥感影像示例、（c）为 2017 年变化部分的遥感影像被识别为人造地表的示例。

3. 结果的精度评价

分类结果利用 Google Earth 高分影像样本点目视解译进行精度评价，相较于传统分类方法，本研究得到的分类结果精度有较大提高。对于精度评价一般以如下 3 个基本统计量和一个离散多元统计量作为指标：①用户精度。其意义为从分类的结果中随机选出一个样本，计算其地表覆盖类型与实际地表覆盖类型相同的概率。②制图精度。其意义为在参考图像之中随机选取一个样本，计算在分类图上与其地表覆盖类型一致的概率。③总体精

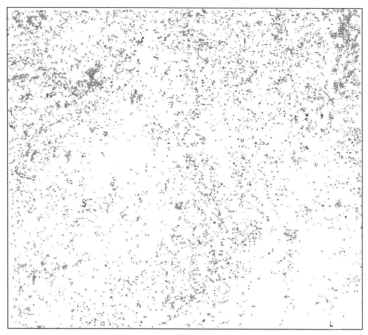

图 3.30　2017 年变化区域的遥感影像分类图（据卫玄烨，2020）

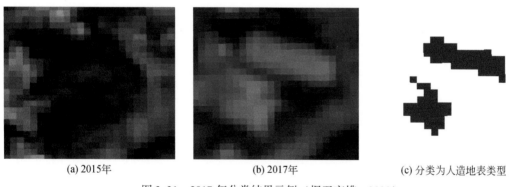

(a) 2015年　　　　　　　　　(b) 2017年　　　　　　　　　(c) 分类为人造地表类型

图 3.31　2017 年分类结果示例（据卫玄烨，2020）

度。其表示的是随机选取一个样本，计算分类结果中与参考图上的实际类型一致的概率。④Kappa 系数。Kappa 分析是不依赖于验证样本的一个客观评价，所求得的 Kappa 系数作为评价诸如两幅图之间吻合程度等分类质量的指标，其克服了像素类别的小变动导致的百分比变化。表 3.6 为 2014 年分类结果的精度评价，表 3.7 为 2017 年分类结果的精度评价。其中，2014 年变化区域的遥感影像的总体精度为 93.7%，Kappa 系数为 0.914；2017 年变化区域的遥感影像的总体精度为 91.6%，Kappa 系数为 0.877；由 2014 年与 2017 年变化区域遥感影像分类产品的精度评价结果可以看出本书制定的证据决策分类规则对于分辨率较高的遥感影像的分类精度有较大的提升。

表 3.6　2014 年分类结果的精度评价（据卫玄烨，2020）

指定类别 ＼ 预期类别	耕地 (10)	森林 (20)	草地 (30)	湿地 (50)	水体 (60)	人造地表 (80)	裸地 (90)	总计	用户精度
耕地（10）	73	2	1	0	0	2	1	79	0.924
森林（20）	2	27	1	1	0	0	0	31	0.871
草地（30）	0	3	15	0	0	0	0	18	0.833
湿地（50）	0	0	0	3	0	0	0	3	1
水体（60）	0	0	0	0	15	0	0	15	1
人造地表（80）	0	0	1	0	0	97	0	98	0.990
裸地（90）	0	0	0	0	0	2	9	11	0.818
总计	75	32	18	4	15	101	10	255	—
制图精度	0.973	0.844	0.833	0.750	1	0.960	0.900	—	—

总体精度 = 93.7%

Kappa 系数 = 0.914

表 3.7　2017 年分类结果的精度评价（据卫玄烨，2020）

指定类别 ＼ 预期类别	耕地 (10)	森林 (20)	草地 (30)	湿地 (50)	水体 (60)	人造地表 (80)	裸地 (90)	总计	用户精度
耕地（10）	40	0	1	2	0	0	0	43	0.930
森林（20）	0	36	0	13	0	0	0	49	0.735
草地（30）	0	0	17	0	0	0	0	17	1
湿地（50）	0	8	0	21	0	0	0	29	0.724
水体（60）	0	0	0	0	43	0	0	43	1
人造地表（80）	0	0	5	0	0	50	0	55	0.909
裸地（90）	0	0	0	0	0	0	8	8	1
总计	40	44	23	36	47	52	12	254	—
制图精度	1	0.818	0.739	0.583	0.915	0.962	0.667	—	—

总体精度 = 91.6%

Kappa 系数 = 0.877

3.4.3　碎片多边形提取与处理的结果

碎片多边形的处理主要是利用基准地表覆盖产品的矢量文件与前面提到的分类结果的

矢量文件来得到碎片多边形，图 3.32（a）为 2014 年碎片多边形，图 3.32（b）为 2017年得到的碎片多边形。提取碎片多边形后，给变化图斑赋予新的属性（ZID），并对该属性的每一个对象赋予唯一值，由于操作烦琐复杂，Linke 等（2009）将此过程写成了程序内嵌在 ArcMap 中，图 3.33 为合并操作界面，通过 Sliver Fix 对碎片多边形与变化图斑的边界距离判断，对碎片多边形的 ZID 属性进行赋值，该步操作会给碎片多边形赋予与其相邻的变化图斑相同的 ZID 值，形成新的变化图斑层，为后面的融合步骤做准备。图 3.34 为合并操作的结果，图 3.34（a）为碎片多边形 ZID 值的初始值均为 0，经过合并程序，将与碎片多边形相邻的变化图斑的 ZID 值赋给碎片多边形，从而使得碎片多边形的 ZID 值发生变化，如图 3.34（b）所示，生成新的属性值。

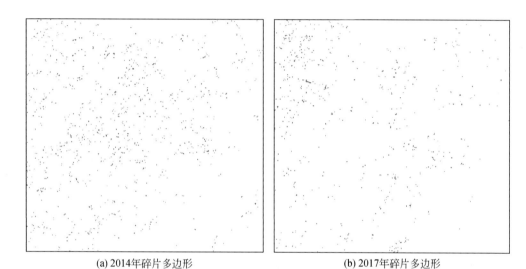

(a) 2014年碎片多边形　　　　　　　　　(b) 2017年碎片多边形

图 3.32　碎片多边形结果（据卫玄烨，2020）

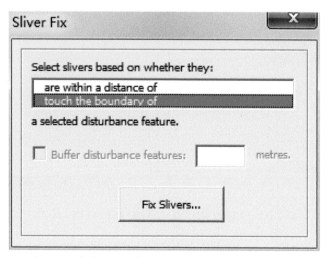

图 3.33　碎片多边形合并操作界面（据卫玄烨，2020）

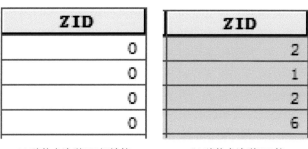

(a) 碎片多边形ZID初始值　　　　　(b) 碎片多边形ZID值

图 3.34　碎片多边形合并结果（据卫玄烨，2020）

在对碎片多边形进行赋值以后，需要将变化图斑层与碎片多边形进行合并，但是需要注意的是，在进行合并前后需要进行目视判断，如果某碎片多边形被夹在两个具有不同地表覆盖类别的变化特征之间，需要人工判断其可能的类型，再进行操作。例如，有 1 像素范围的森林被夹在人造地物与裸地之间，需要通过经验得出该像素应该为裸地，因为极少有人造地物中出现小范围森林的情况，而且能够想到在进行分类的过程中，极有可能将裸地与森林混淆，而将人造地物与森林的光谱混淆的可能性很小。

图 3.35 为去除伪变化后的分类结果，其中（a）为 2014 年合并结果，（b）为 2017 年合并结果，2014 年碎片多边形占总体面积的 0.96%，2017 年碎片多边形占总体面积的 0.98%。

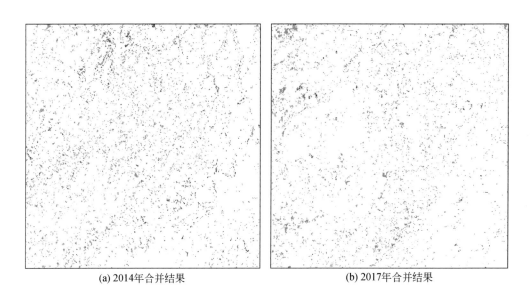

(a) 2014年合并结果　　　　　　　　　(b) 2017年合并结果

图 3.35　去除伪变化后分类结果（据卫玄烨，2020）

3.4.4　基准遥感影像的产品更新结果

经过前述对变化区域的遥感影像进行分类及去除碎片多边形，得到了调整后的变化图斑分类结果，在此基础上，还要进行时间序列一致性分析，采用与 MODIS 地表覆盖产品及欧洲航天局 CCI 产品类似的方法进行多期产品一致性的调整，逐个像素进行 2014 年、2015 年和 2017 年分类结果的分析，图 3.36 中某个像素 2014 年分类结果为耕地，2015 年分类结果为森林，2017 年分类结果仍为耕地，则将 2015 年结果调整为耕地。分类型制定时间序列调整的规则对结果进行调整。

图 3.36　时间序列地表覆盖类型调整

将图 3.12 中 2015 年的基准地表覆盖产品作为更新或回溯的基础，进行 2014 年产品的回溯和 2017 年产品的更新，获得 2014 年和 2017 年的时间序列地表覆盖产品。图 3.37 为本实验回溯得到的 2014 年地表覆盖产品，图 3.38 为 2017 年更新得到的地表覆盖产品。

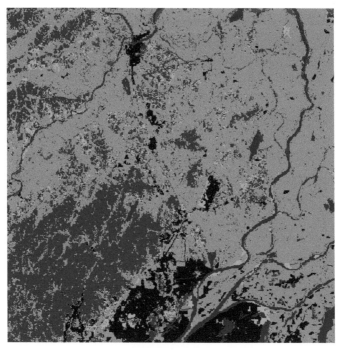

图 3.37　2014 年地表覆盖产品（据卫玄烨，2020）

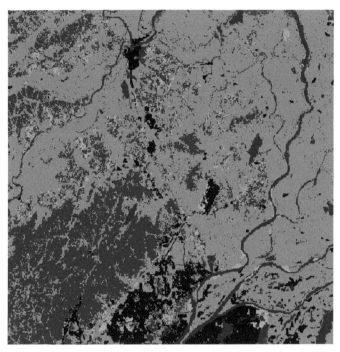

图 3.38　2017 年地表覆盖产品（据卫玄烨，2020）

在得到地表覆盖产品之后首先要做的就是对其产品的精度进行评价。表 3.8 为回溯得到的 2014 年地表覆盖产品的精度评价，其总体精度达到了 85.2%，Kappa 系数为 0.815。

表 3.8　2014 年分类决策规则和碎片多边形回溯产品精度评价（据卫玄烨，2020）

指定类别 ＼ 预期类别	耕地（10）	森林（20）	草地（30）	湿地（50）	水体（60）	人造地表（80）	裸地（90）	总计	用户精度
耕地（10）	4496	29	68	0	33	8	30	4664	0.997
森林（20）	11	2107	0	0	23	4	911	3056	0.986
草地（30）	0	0	5	0	0	0	6	11	0.058
湿地（50）	0	0	0	86	0	0	0	86	1
水体（60）	2	0	14	0	3020	160	0	3196	0.982
人造地表（80）	0	0	0	0	0	2800	11	2811	0.942
裸地（90）	0	0	0	0	0	0	0	0	0
总计	4509	2136	87	86	3076	2972	958	13824	—
制图精度	0.964	0.689	0.4554	1	0.945	0.996	0.152	—	—

总体精度=85.2%

Kappa 系数=0.815

表 3.9 为更新得到的 2017 年地表覆盖产品的精度评价，其总体精度达到了 86.3%，Kappa 系数为 0.841。

表 3.9　2017 年分类决策规则和碎片多边形更新产品精度评价（据卫玄烨，2020）

指定类别＼预期类别	耕地（10）	森林（20）	草地（30）	湿地（50）	水体（60）	人造地表（80）	裸地（90）	总计	用户精度
耕地（10）	8975	0	12	0	9	1071	33	10100	0.8898
森林（20）	0	7416	3	0	31	0	0	7450	0.996
草地（30）	0	0	49	0	0	0	0	49	1
湿地（50）	209	0	0	220	0	477	12	918	0.240
水体（60）	384	0	0	0	5644	678	0	6706	0.842
人造地表（80）	0	0	0	0	8	4224	0	4232	0.996
裸地（90）	0	0	0	0	0	23	702	725	0.998
总计	9568	7416	64	220	5692	6473	747	30180	—
制图精度	0.9388	1	0.766	1	0.992	0.653	0.939	—	—

总体精度=86.3%
Kappa 系数=0.841

3.5　结论与展望

在本章中开发了一种用于时间序列遥感影像生成地表覆盖产品的方法，多年数据遵循地表覆盖的逻辑时间和空间趋势，年与年之间保持一致。利用国产高分一号 16m 分辨率 WFV 江西地区 3 期影像数据，在 7 个类别的情况下，总体精度为 80% 以上，与 GlobeLand30 地表覆盖产品的精度相当。研究还表明，该方法可提供与基准年比较的地表覆盖变化信息，精度为 90% 以上。由于时间序列影像的数据量庞大，地表覆盖产品的研究范围较大时需要考虑算法的效率问题，本章只在小范围的研究区域实验方案的可行性，与实际生产仍具有一定的差距。

对于时间序列方式的产品，用户需要快速实时获得地表覆盖及变化产品，后续研究需考虑"在线"时间序列方法，意味着可以随着新的观测数据的出现而更新地表覆盖产品。如何最及时地提供有关地表覆盖和地表变化的信息，仍是一个亟待解决的问题。

第4章　生态地理分区耦合地学统计改善地表覆盖数据精度

　　地表覆盖增量更新的结果受两方面影响，一是提取的地表覆盖变化信息的精度，二是基准地表覆盖产品的精度。由于遥感图像反映地表瞬时状态，以及"同物异谱""异物同谱"现象的存在，分类结果往往出现错分现象，导致分类精度有限。常用的评价分类精度的混淆矩阵只能给出总体精度，并不能反映分类精度的空间变化，提供给地表覆盖产品用户的信息是不完整的和不确定的。分类的精度是随空间变化的，定量评估的精度分布情况才能有效修正分类的错误。本章在常规分类算法获得了地表覆盖分类（以下称为预分类产品）的基础上，提出一种耦合生态地理分区数据和马尔可夫链地学统计模拟来评价，并改善地表覆盖分类产品精度的方法。收集来源于各个渠道的验证点及人工解译部分验证点形成样本数据集；将需要进行精度评价，并以改善的地表覆盖分类产品与生态地理分区数据共同作为辅助数据，进行马尔可夫链序列协同仿真，来量化分类的不确定性，评价和改善地表覆盖产品分类的准确性。结果表明，利用耦合生态地理分区和马尔可夫链地学统计模拟协同仿真的方法可以将 GlobeLand30 数据精度提高 10% 以上。

4.1　引　　言

　　遥感是大范围地表覆盖制图的唯一有效手段。从 20 世纪 80 年代起，国际科学界一直高度关注全球地表覆盖遥感制图问题，国内外研制了多种全球、地区或国家级 1km、300m、30m 分辨率地表覆盖产品。如今的大面积地表覆盖产品基本都来源于遥感影像分类。但是由于光谱混淆和影像分辨率的限制，以及地物本身的复杂性等因素，从遥感影像分类获得的地表覆盖、土地利用产品必然包含着大量的错误分类或称不确定性像素。

　　经典的监督和非监督分类技术是常用的分类方法，但准确率不高，约为 60% ~ 70%（Giri，2012；Tsendbazar *et al.*，2015）。同时，深度学习算法尚未大规模应用于地表覆盖产品分类（刘天福等，2019）。对于更为细节的二级地表覆盖产品分类，较难通过自动分类获得可靠的结果。

　　分类的精度是随空间变化的，不同的位置、不同的地物类型分类结果的精度往往不同，如水体的分类结果往往优于林、灌、草等植被类型。常用的精度评价方法混淆矩阵及指标 - 总体精度并不能说明不同位置上的精度情况，针对局部或某种地物类型的精度评价才会更有效。只有定量评估精度分布情况，才能有效修正分类的错误。这对于地表覆盖制图、地理国情普查、全球变化研究、生态资源管理等工作均具有重大意义。混淆矩阵只能给出总体精度，并不能反映分类精度的空间变化，提供给地表覆盖产品用户的信息是不完整的和不确定的，可能会导致不良的应用效果。因此，在常规分类算法获得了地表覆盖分类产品的基础上，如何有效地进一步评价地表覆盖和土地利用产品精度随空间变化的情况，以提升地表覆盖和土地利用产品的精度，量化分类的不确定性是十分迫切和必要的。

为了提高遥感分类的精度，采用了两类方法，一类是应用地学知识规则的方法；另一类是应用地统计学（geostatistics）的方法。自 20 世纪 80 年代以来，专家学者们引入专家系统和知识工程来解决遥感分类问题（Makoto and Takashi，1980；Civco，1989；Dobson et al.，1996；Wentz et al.，2008；肖好良，2015）。在以往的地表覆盖制图中，辅助数据包含数字高程模型（DEM）、生态区划数据、国家或地区的植被数据、全球红树林图集、全球人类居住点、全球城市覆盖的区域数据（http://maps. elie. ucl. ac. be/CCI/viewer/index. php）、MODIS NDVI 数据、全球地理信息数据、各种专题数据和在线高分辨率图像等，这些数据在地表覆盖制图的过程中辅助来提高产品精度（Zhu et al.，2019）。然而，地表覆盖制图所使用的专家知识和辅助数据是零散的、不系统的，尚没有一个全球性的集成系统来管理专家知识和辅助数据以供重用。

生态地理区域是从地域角度出发研究地球表层综合体，是指地表的生态系统（还包括环境资源的类型、质量和数量）大体相似的区域，是相对范围较大的地表单元，包含自然群落和物种的独特组合，其边界与自然群落的原始范围近似（Olson et al.，2001）。以生态地理区域为框架，可以构建全球专家知识库，辅助遥感影像分类。Zhu 等（2019）采用世界自然保护基金会（World Wildlife Fund，WWF）建立的"世界陆地生态区（world terrestrial ecological region）"（Olson et al.，2001）作为全球生态地理分区知识库的基本框架，采用面向对象的方法构建规则库，采集各个生态地理分区的 DEM、坡度、NDVI、温度、湿度等 5 种自然属性，形成伪变化规则，进行遥感变化检测后的伪变化识别。在一定程度上提高了变化检测的准确性。

另一类提高遥感分类精度的方法是应用地统计学的方法。地统计学是以区域化变量理论为基础，研究在空间分布上既有随机性，又有结构性，是具有空间相关性和依赖性的自然现象科学。自 20 世纪 80 年代以来，虽然地统计学在遥感领域存在着一定的应用，但并不流行，Meer（2012）做了详细的回顾。利用地统计学方法提高地表覆盖分类产品精度的研究较少。Bruin（2000）采用序贯指标模拟算法和协同克里金（Kriging）方法，以分类图像为软指标，以更高分辨率航空图像的人工解译样本为硬指标，预测橄榄树的面积范围。Tsendbazar 等（2015a，2015b）使用指标克里金估计地覆盖产品源数据的局部精度（随空间位置变化的逐像素的精度），在获得每种源数据的局部精度的基础上，采用数据集成方法，获得精度更优的整合地表覆盖产品。该方法计算了 4 种源产品的局部精度，获得了更高精度的非洲的地表覆盖产品。Carvalho 等（2006）利用直接序贯联合模拟算法（direct-sequential co-simulation），结合野外观测和最大似然分类的遥感图像，提高了地表覆盖分类的精度。Tang 等（2013）利用多点地统计学计算方法，以最大似然分类结果为训练图像，以最大似然概率为软条件，以训练样本为硬条件，提高分类产品的精度。

Li 和 Zhang 的研究始于 2006 年（Li，2006）。在 Schwarzacher（1969）、Lou（1996）、Carle 和 Fogg（1997）等前人转移概率 - 滞后函数/图（transition probability-lag function/

diagram）方面研究的基础上，Li 和 Zhang（2011）提出了将马尔可夫链随机场（Markov chain random field，MCRF）方法用于地表覆盖分类不确定性评价。利用马尔可夫链序贯模拟（Markov chain sequential simulation，MCSS）算法（Li，2007），通过在专家解译的像素标记点上，进行条件随机模拟。标记点是由专家参考高分影像和其他辅助信息解译的地物类型。其他未标记像素视为不确定区域，通过条件模拟获得类型信息。MCRF 方法将解译标记点 LULC 类型作为条件模拟的样本点，与监督分类不同，专家解译的样本点本身并直接不用于分类。利用 4.8m×4.8m 分辨率影像实例表明，随着标记点的数量从试验区像素总数的 0.45% 增加到 1.81%，基于最大概率的最佳的分类精度从 88.13% 增至 99.23%。作为一种基于多维度的单链马尔可夫模型，通过与多链多维度马尔可夫链模型、传统的马尔可夫随机场（Markov random field，MRF）模型、克里金插值相比，MCRF 方法具有非线性、高效率、包含各个类间的相互关系、生成的模拟图斑类似多边形模式等诸多优势（Li and Zhang，2011）。但是因为没有利用任何其他的辅助数据，MCRF 方法的缺点是需要大量专家解译验证点以保证算法结果的可靠性，费时费力。Li 等（2015）进一步改进了算法，将预分类产品引入模拟过程，通过整合验证点和预分类产品，利用马尔可夫链随机场（MCRF）协同模拟算法——马尔可夫链序列协同仿真（Co-MCSS）算法，以提升地表覆盖产品的分类精度。算法在协同模拟过程中将预分类产品作为辅助数据，当解译验证点的密度从 0 升至全体像素数的 1.81%，最佳分类图相比于预分类图精度提升 8.49% 至 20.96%。研究表明，结合预分类产品后，精度提升更为明显。

本章改变以往的研究中专家地学知识和地学统计方法割裂的缺陷，将二者结合，以生态地理分区为基本单元，引入马尔可夫链随机场（MCRF）协同仿真方法，通过整合预分类遥感影像数据及稀疏的各网站提供的验证点数据，基于生态地理分区的地学知识来量化分类的不确定性，评价和改善地表覆盖产品分类的准确性，在前人研究的基础上进行三点改进：

（1）以生态地理分区作为地学统计的范围。以往的地统计研究范围是以选定的图像实验区范围进行，往往含有边界效应，即某个类型可能会具有类间的较小转移概率。这是由于有些类型在统计范围的边界处，地类图斑不完整，超出统计边界，造成地物类型转换关系未知造成的（Li，2006）。生态地理分区的边界一般不会跨越两种不同类型的地表覆盖，从而避免边界效应的产生。

（2）地学知识和验证点结合的方式获取转移概率图（Transiogram）。为了获取 Transiogram，以往的研究是以大量专家人工解译的验证点为算法基础的，费时费力，若试验区范围为 TM 一景（6166 像素×6166 像素），验证点数量取为 1%，则需要约 38 万个验证点，这在实际应用中显然是不可行的。本研究的验证点采用经过筛选的地表覆盖相关各大网站或机构公布的可靠的验证点数据，可免除人工解译工作，并以生态地理分区知识库作为补充，将地学知识与少量验证点结合作为算法的前提。

（3）马尔可夫链随机场（MCRF）协同仿真方法中不仅结合遥感预分类产品，还将生态地理分区知识库中的各种属性（如地形、坡度、温度、湿度等）作为辅助数据参与仿真及交差转移概率的计算。结合更丰富的属性信息将使仿真算法更加稳健。

整体研究思路是使用基于样本点数据、生态分区专家知识和分类产品数据相结合的贝叶斯-马尔可夫链随机场协同仿真方法，以提高地表覆盖分类产品的精度。主要包括收集及解译样本数据、由样本数据估计转移概率图模型（当样本点稀疏时要对转移概率图使用专家知识进行修正）、估计从样本数据到辅助数据集的跨域转移概率图模型（本研究的辅助数据集为 GlobeLand30-2015 年分类产品及从生态地理分区各属性中收集到的可用的地学知识）、使用 Co-MCSS 算法进行样本数据和辅助数据的协同仿真并进行分析和可视化等。

研究的主要技术流程如下：

（1）从相关网站收集地表覆盖验证点数据构成稀疏数据集，当数据量不足时使用人工解译的样本点作为补充，共同构成样本数据集；

（2）使用诸如最大似然法等传统方法获取研究区遥感图像预分类影像，作为用于协同仿真的辅助数据（本研究使用 GlobeLand30-2015 分类产品数据作为辅助数据）之一，生态分区知识属性图层（如 DEM、坡度、坡向等）也作为辅助数据，共同构成辅助数据集；

（3）以每个生态地理分区为单元，使用生态地理分区知识联合验证点数据估计一组转移概率图模型；

（4）估计从样本数据集到辅助数据集的交叉场转移概率矩阵；

（5）使用马尔可夫链序列协同仿真（Co-MCSS）算法以样本数据和辅助数据为条件进行协同仿真；

（6）模拟结果分析并可视化。

技术流程参见图 4.1。以每个生态地理分区为单元，利用验证点数据估计每个生态地理分区的一组转移概率图模型，预分类产品、生态地理分区各属性数据作为辅助数据，使用样本数据估计从样本数据到辅助数据集的交叉场转移概率矩阵，使用马尔可夫链序列协同仿真（Co-MCSS）算法进行协同仿真生成最佳概率图和发生概率图。

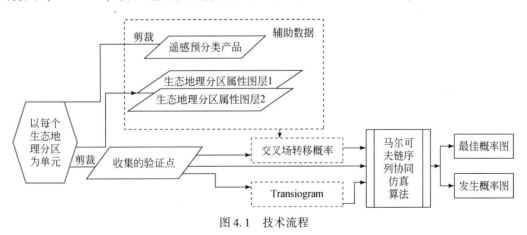

图 4.1　技术流程

4.2　生态地理分区知识库及作用

本书选用的生态分区来自于世界自然基金组织，是以自然保护为目的而建立的一个全球生态地理分区（eco-regions），此生态分区将全球划分为 8 个生态地理分区、14 个生物群落，一共 867 个小的生态区。每个小生态分区编码唯一，为六位数字，命名规则是：地理分区（两位数字）+生物群落类型（两位数字）+自然属性（两位数字）。例如，IM0102 为东亚东南亚地区热带及亚热带湿润阔叶林中的婆罗洲泥炭沼泽森林。8 个生态地理分区和 14 个生物群落如图 4.2 所示，其详细的代码及名称如表 4.1、4.2 所示，867 个全球生态地理分区矢量图请见本书第 6 章 6.2.3 节。

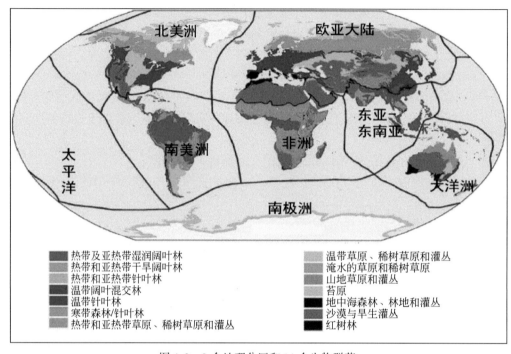

图 4.2　8 个地理分区和 14 个生物群落

表 4.1　地理分区代码及名称

代码	名称
IM	东亚–东南亚地区
NT	南美洲地区
PA	欧亚大陆地区
OC	太平洋地区
NA	北美洲地区
AT	非洲地区
AA	大洋洲地区
AN	南极洲地区

表 4.2　生物群落代码及名称

代码	名称
01	热带及亚热带湿润阔叶林
02	热带和亚热带干旱阔叶林
03	热带和亚热带针叶林
04	温带阔叶混交林
05	温带针叶林
06	寒带森林/针叶林
07	热带和亚热带草原、稀树草原和灌丛
08	温带草原、稀树草原和灌丛
09	淹水的草原和稀树草原
10	山地草原和灌丛
11	苔原
12	地中海森林、林地和灌丛
13	沙漠与旱生灌丛
14	红树林

　　全球生态地理分区之所以能作为协同仿真的辅助数据，是因为其中包含着丰富的可挖掘的地学知识。生态分区的原始数据不仅包含矢量文件，还包括 Word 文档。这些文档相当于矢量数据的属性说明，不仅包含各生态分区的代码、名称，还有其所在的地理分区、所具有的生物群落、位置及范围大小、主要动植物、实地照片等。因此其中有不少与土地覆盖和土地利用相关的知识，例如：

　　（1）各生态分区是按照一定的自然地理属性来划分的，各自然地理属性可以用来作为收集地学知识的标准，如可以根据不同的属性（如 DEM、坡度、坡向）来收集所需要的地学知识。例如，耕地的分布和海拔、坡度息息相关，水体、湿地、冰川的分布与温度有一定关系等，因此可以根据自然属性的划分来收集各种可用的地学知识。

　　（2）生态分区内部地表覆盖类型相对稳定，并且生态分区的边界一般不会跨越两种不同类型的地表覆盖，这对于我们的协同仿真至关重要，使得可以选择生态分区作为辅助数据并有效避免边界效应。

　　生态地理分区自然属性数据在本研究中主要起到辅助数据的作用，生态分区专家知识与原始分类产品共同作为辅助数据与样本数据进行协同仿真。在改善土地覆盖分类精度的研究中，尤其在专家系统里，利用附加信息（或规则）对预先分类的图像进行重新分类是提高土地覆盖分类精度的一种传统策略。本书提到的马尔可夫链序列协同仿真方法遵循了这种一般策略，但其具体方法有所不同。专家可以从各种相关数据（如遥感图像、谷歌地球图像、土地利用地图等）解译研究区域内有关土地覆盖类型的稀疏数据集。本研究采用的生态分区专家知识来源于陈旭（2017）基于上述全球生态地理分区建立的全球生态地理分区规则库。规则库的结构如下，详细信息可见陈旭（2017）文献。

全球生态地理分区规则库的结构设计详见本书 6.2.3 节，本章采用的地学知识如图 4.3 中红框部分所示。

生态地理分区的第二个作用是用来确定协同仿真的边界范围。以往的地统计研究，范围是以选定的图像实验区范围进行，往往含有边界效应，即某个类型可能会具有类间的、较小的转移概率。这是由于有些类型在统计范围的边界处，地类图斑不完整，超出统计边界，造成地物类型转换关系的未知而造成的。生态地理分区的边界一般不会跨越两种不同类型的地表覆盖，从而有效避免了边界效应的产生。

4.3　转移概率图与跨场转移概率矩阵

4.3.1　转移概率图（Transiogram）

为了实现上述马尔可夫链序贯模拟（MCSS），也为了表现地表覆盖各个类型之间的空间关系，如交叉相关、并列（即两个地类并行排列）和沿不同方向观察表现出不对称性，需要建立合理的理论度量。传统上，常用指示变异图（indicator variograms）描述变量之间的相关性。但指示变异图不能描述地表覆盖类别序贯出现时的方向不对称性，因而无法有效地表达类别间的并行关系。不同空间步长（或称滞后）的转移概率可以构成一个一维连续的转移概率图，Li（2006）提出了 Transiogram 的概念，是在距离 h 处的一维转移概率函数（两点间的条件概率）模型，定义式为

$$\rho_{ij}(h) = P\left[Z(x + h) = j \mid Z(x) = i \right] \tag{4.1}$$

式中，$\rho_{ij}(h)$ 为随机变量 Z 从 i 类转化为 j 类的转移概率，当 h 逐渐增加，$\rho_{ij}(h)$ 形成图即 Transiogram。$\rho_{ii}(h)$ 表示 auto-Transiogram，描述一个类型自身的依赖性 cross-Transiogram 描述类型间的依赖性（包括交叉相关、并行关系、方向不对称性等）。交叉转移概率一般是不对称的，所以 $\rho_{ij}(h) \neq \rho_{ji}(h)$。

Transiogram 利用多种不同的空间步长 h（滞后）来表现连续的一维空间转移概率，非常适合模拟复杂的类型变量，如地表覆盖数据。Transiogram 是一种非协方差、非克里金的方法，它的主要优势是表现类型间的相互依赖性。此外，它还适合用于处理多类型的数据。Transiogram 对于马尔可夫链地统计学的作用与指示变异图对于克里金地统计学的作用类似。马尔可夫链条件模拟模型需要一个有力的空间异质性指标以实现多类型的模拟。Transiogram 可显示数据中的空间-步长依赖关系，包含着丰富的可揭示地表覆盖类型空间异质性特征。

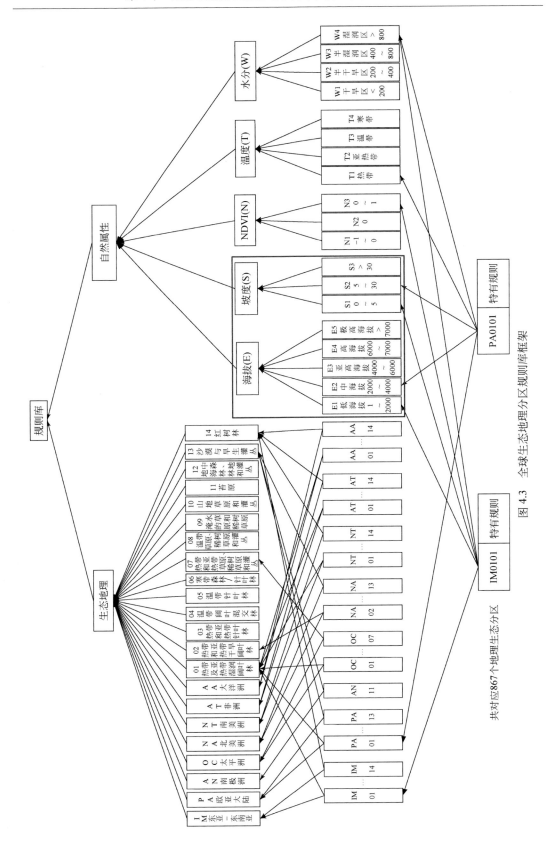

图 4.3　全球生态地理分区规则库框架

根据估算的方法不同，Transiogram 可分为两种类型：理想化 Transiogram 和真实数据 Transiogram。理想化 Transiogram 其特征是曲线光滑、门槛（Sill）平稳，相关范围明显。理想化 Transiogram 一般通过单步转移概率矩阵（transition probability matrix，TPMs）获得，这两种方法都是基于一阶马尔可夫平稳性假设，无法考虑到地表覆盖数据本身具有的非马尔可夫性质，不适用于描述地表覆盖类型间的依赖性。在以往的地学科学研究中数据中的非马尔可夫特性很少被考虑。然而真实数据具有许多不满足马尔可夫假设的特性，也就是当前的空间状态不仅依赖于相邻点的状态，也依赖于某些非相邻点的状态。虽然理想化的 Transiograms 并不能反映真实世界数据具有的特性，但其仍具有理论和应用价值。他可以获得各类型间的基本相关特性，这对于建立真实数据 Transiograms 是十分有益的。

真实数据 Transiogram 又可分为 Exhaustive-Transiogram 和 Experimental-Transiogram（Li，2007）。Exhaustive-Transiogram 由图像或地图估计产生，Experimental-Transiogram 由散布的验证点估计产生，由散点构成，还需要进一步采用数学模型进行拟合，真实数据 Transiogram 一般表现出较强的不稳定性和非一阶马尔可夫特性。因此，真实数据 Transiogram 与理想化 Transiogram 相比有更为复杂的特征。图 4.4 为各种不同类型 Transiogram 示意图，其中（a）和（b）为一般的理想化 Transiogram 的 auto-Transiogram 和 cross-Transiogram 曲线；（c）和（d）为 Exhaustive-Transiogram 的 auto-Transiogram 和 cross-Transiogram 曲线；（e）和（f）为 Experimental-Transiogram 的 auto-Transiogram 和 cross-Transiogram 散点图。

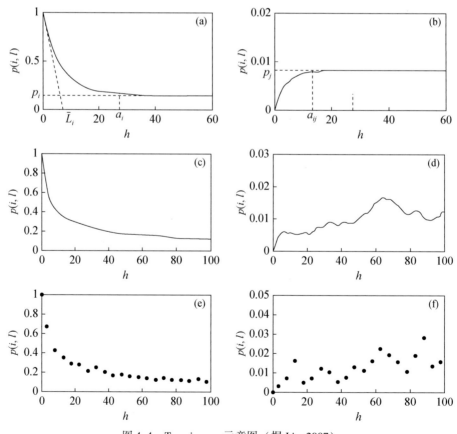

图 4.4　Transiogram 示意图（据 Li，2007）

真实数据 Transiogram 并不考虑一阶马尔可夫假设，它直接反映原始数据中的空间变化特性。真实数据 Transiogram 定量化和直观地表现了数据中的非马尔可夫特性，当利用真实数据 Transiogram 进行模拟时，数据的非马尔可夫特性就结合到模拟中。

准确地建立 Transiograms 模型对于描述地表覆盖类型的空间异质性和进行马尔可夫模拟都是至关重要的。真实数据 Transiogram 要依靠大量可靠的、分布合理的验证点才能获得，适合于验证点丰富可靠的情况，但此方法需要大量人工解译获得的验证点，人工工作量大、效率低；当样点数量不足时，Transiogram 就可能表现出伪波动，不能传达可靠的信息。在这种情况下，专家地学知识就可以帮助确定合理的 Transiogram 类型、相关距离、门槛值，从而获得 Transiogram 模型。

近年来，全球越来越多参与地表覆盖制图的机构对公众公开了各种来源的验证数据，为后续的研制和研究提供参考。这些验证数据主要来自于几个网站，包括：①GOFC-GOLD 地表覆盖项目（http://www. gofcgold. wur. nl/sites/gofcgold_refdataportal. php），端口包括 GLC2000ref（Mayaux et al., 2006）、GlobCover2005ref（https://epic. awi. de）、STEP 参考数据（Friedl et al., 2002）、VIIRS 参考数据（Friedl et al., 2000）及 GLCNMO 2008 参考数据（Olofsson et al., 2012）；②Geo-Wiki 众源数据（https://www. geo-wiki. org）；③DCP 志愿者数据（http://www. confluence. org）；④来自其他研究机构如清华大学全球验证样本集（Zhao et al., 2014；http://data. ess. tsinghua. edu. cn）；⑤flickr 照片分享网站（www. flickr. com）；⑥LACO-Wiki 用于地表覆盖验证的开放访问在线门户（http://www. laco-wiki. net）。这些验证点数据可以作为地学统计模型中的参考点来使用，但其密度分布不平衡，往往难以满足模型估计的密度要求。

为地表覆盖产品精度验证而建立的现有参考样本数据集具有高可靠性和可重用性。但由于采集分散，验证点的密度和分布不平衡，一般情况下不能满足模型估计的密度要求。然而，由于这些样本点的存在，可使目视解释工作量适当减少。随着越来越多的组织发布他们的验证数据集，重用这些数据来减少数据收集的工作量将变得可行。

4.3.2 跨场转移概率矩阵

从主变量到辅助变量的转移概率称为跨场转移概率矩阵（cross field transition probability matrix）。每个辅助变量被认为是相互独立的。跨场转移概率计算公式如下：

$$\widehat{q}_{ik} = \frac{f_{ik}}{\sum_{j=1}^{n} f_{ij}} \tag{4.2}$$

式中，f_{ik} 是在辅助变量空间从 i 类转变为 k 类的概率；n 是辅助变量的个数。

每个主变量与辅助变量的跨场转移概率计算结果排列构成跨场转移概率矩阵。

4.4 马尔可夫链序列协同仿真模型（Co-MCSS）

与经典地统计学中的协同克里金模型相似，通过扩展马尔可夫链随机场可以建立马可夫链序列协同仿真模型（Co-MCSS）。可以看作是基于辅助数据新证据的马尔可夫链随机场模型的贝叶斯更新，详细介绍参考（剌怡璇，2020）。

如果 X 是要估计的目标分类变量，E 是辅助数据集，那么贝叶斯推理公式可以写成：

$$P(X \mid E) = \frac{P(E \mid X)P(X)}{P(E)} = \frac{P(E \mid X)P(X)}{\sum_X P(E \mid X)P(X)} = C^{-1}P(E \mid X)P(X) \qquad (4.3)$$

式中，$C = \sum_X P(E \mid X)P(X)$ 是一个常量。

基于贝叶斯原理，将简化的通解等式 MCRF 扩展为 Co-MCSS 模型，通过联合仿真的方式将辅助数据合并进去。辅助变量的贡献可以通过不同的方法来实现。在本研究中，辅助变量的数据被认为是其他变量空间中未知位置 u_0 的最近邻，只考虑共定位协同仿真的情况，带有 k 个辅助变量的共定位 Co-MCSS 模型可以写为

$$p\left[i_0(u_0) \mid i_1(u_1), \cdots, i_m(u_m); r_0^{(1)}(u_0^{(1)}), \cdots, r_0^{(k)}(u_0^{(k)})\right]$$

$$= \frac{p_{i_1 i_0}(h_{10}) \prod_{g=2}^{m} p_{i_0 i_g}(h_{0g}) \prod_{l=1}^{k} q_{i_0 r_0(l)}}{\sum_{f0=1}^{n} \left[p_{i_1 f_0}(h_{10}) \prod_{g=2}^{m} p_{f_0 i_g}(h_{0g}) \prod_{l=1}^{k} q_{f_0 r_0(l)} \right]} \qquad (4.4)$$

式中，$r_0^{(k)}$ 代表第 k 个辅助变量在 $u_0^{(k)}$ 处的类别；$q_{i_0 r_0}(l)$ 代表在位置 u_0 处主变量空间中的 i_0 与辅助变量空间中的 r_0 的转移概率函数。在本研究中，选取 4 个辅助变量：①原始分类产品；②DEM；③坡度；④坡向。因此式（4.4）中的 $k = 4$。

因为在实际应用中，考虑不同方向上的许多最近的已知邻居是不必要的，也是困难的。对于那些在关系范围之外的最近的已知的邻居和那些近似地位于相同的方向，有小的分开的角度，但不是最接近未知的位置 u_0 的邻居，它们可以在式（4.4）中被取消。因此，m 可以比不同方向上最近的已知邻居的真实数量小得多。另外，式（4.4）是建立在一个通用的条件独立假设的基础上的，这个假设不适用于集群数据，因为它忽略了数据配置。因此，在仿真算法设计中处理数据聚类效应是必要的。对于遥感图像的像素数据处理，考虑 4 个主要方向是足够的。如果只考虑搜索圆内 4 个基本方向上的 4 个已知近邻，则使 $m = 4$ 即可，因此，考虑 4 个辅助变量、4 个主要方向的马尔可夫链序列协同仿真模型公式如下：

$$p\left[i_0(u_0) \mid i_1(u_1), \cdots, i_m(u_m); r_0^{(1)}(u_0^{(1)}), \cdots, r_0^{(4)}(u_0^{(k_4)})\right]$$

$$= \frac{p_{i_1 i_0}(h_{10}) \prod_{g=2}^{4} p_{i_0 i_g}(h_{0g}) \prod_{l=1}^{4} q_{i_0 r_0(l)}}{\sum_{f0=1}^{n} \left[p_{i_1 f_0}(h_{10}) \prod_{g=2}^{4} p_{f_0 i_g}(h_{0g}) \prod_{l=1}^{4} q_{f_0 r_0(l)} \right]} \qquad (4.5)$$

式（4.5）为本书算法所使用的马尔可夫链序列协同仿真模型。

4.5　实验结果及分析

4.5.1　实验区及数据

选定的研究区域位于东南亚的印度尼西亚。印度尼西亚生物物种极其丰富，森林覆盖

率达到 67.8%（根据 2010 年全球 30 个土地覆盖产品，www. globeland30. com）。之所以选取此研究区，是因为此地地表覆盖板块细碎、类型复杂，而且一般的地表覆盖产品往往精度较低，分类精度亟须改善。

要建立转移概率图模型，需要适当数量的验证点。本书的验证点来自于两种渠道，一种是搜集众源验证数据，包括 GLC2000ref、GlobCover2005ref、STEP 参考数据、VIIRS 参考数据、GLCNMO 2008 参考数据，清华大学全球验证样本集（http://data. ess. tsinghua. edu. cn/data/temp/Global Land CoverValidationSampleSet_v1. xlsx）及国家基础地理信息中心（National Geomatics Center of China，NGCC）提供的 GlobeLand30 的本实验区内的验证点。由于验证点的地表覆盖类型与预分类图像的语义和分辨率不一致，对采集到的验证点进行了过滤。图 4.5（a）显示了根据验证点来源保留的验证点的分布；图 4.5（b）显示了根据 GlobeLand30-2015 的地表覆盖分类，研究区域内保留验证点的分布情况。

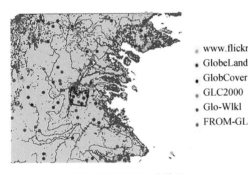

www.flickr.com
GlobeLand30
GlobCover
GLC2000
Glo-Wlkl
FROM-GLC

(a) 根据来源的验证点分布情况

10　耕地
20　森林
30　草地
40　灌木
50　湿地
60　水体
80　人造地表
90　裸地

(b) 根据GlobeLand30-2015分类系统的验证点类型情况

图 4.5　研究区域的验证点

由于算法运算速度和数据量的限制，基于地表覆盖类型的丰富性，选择了一个小的区块作为示范区，如图 4.5（a）、（b）的红框所示。示范区的生态地理分区的编号为 IM0104（Olson et al.，2001），只涉及一个分区，因此后续的处理在该区域内统一进行。图 4.6 为实验区的遥感影像。

图 4.7（a）显示了 GlobeLand30-2015 的地表覆盖分类图，本研究将其作为预分类图像。根据 GlobeLand30 分类系统（Chen et al.，2017），示范区有 5 种地表覆盖类型，分别为耕地、森林、草地、湿地和水体。GlobeLand30-2015 分辨率为 30m，基于 2015 年遥感影像分类，示范区有 7 万多像素。可用验证点的数量不足以满足模型计算的要求。因此，补充了在高分影像上人工目视解译的样本点，以形成如图 4.7（b）所示的样本数据集。利用 ArcGIS 中的"创建随机点"功能，以每 4000m 21 个点的密度生成并均匀分布随机点。如果在随机点的位置或附近没有网络收集的验证点，则需要在谷歌地图高分辨率图像上进行目视解释。网络收集与目视解译获得的验证点合并共有 15826 个样本点，按位置将其平均分为两组，其中 7913 个点用于模型模拟（约占演示区域像素的 10%），其余点用于最终精度验证。

图 4.6　实验区遥感影像

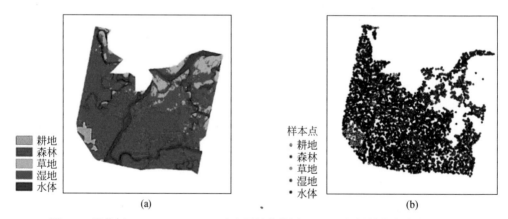

图 4.7　示范区 GlobeLand30-2015 地表覆盖分类图（a）和解译样本点分布图（b）

　　数据收集整理阶段，除了收集样本点数据之外，还需要收集生态分区专家知识。生态知识包含多个方面，如生态分区、高程、地表反射温度、年平均气温、降雨量、土壤湿度等，此类知识与地表覆盖的分布具有较高的相关性。针对该示范区域，考虑到数据的可获取性及准确性，选取各生态分区的 5 种自然地理要素作为专家知识搜集的图层，包括高程、坡度、坡向、植被覆盖率、日温及夜温。数据源分别来自：GDEM 30m 分辨率数字高程数据、全球植被覆盖栅格数据、全球温度产品数据、SRTM 30m 分辨率数字高程数据、MODIS 系列产品（MYD11A2）的日温及夜温图层。其中坡度及坡向信息由 ArcGIS 的 Spatial Analyst Tools->slope->aspect，逐步输入高程值、坡度值计算得到。MYD11A2 数据有 MRT 工具进行坐标系统的转化和拼接，导出白天温度图层、夜晚温度图层分别作为两种数据源，裁剪到示范范围内备用。但是由于实验评估的是 GlobeLand30-2015 的分类产品，故生态知识的空间分辨率有较多的限制，首先是年份上要与 2015 年接近、其次空间分辨率需要高于 500m，因此经过调研之后发现，可用的生态知识仅包含高程及其计算量（坡度、坡向）、地表反射温度等。土壤湿度、降雨量、平均气温空间分辨率低于 500m，不适用于本实验。因此最终只有 DEM 数据得到了使用，作为辅助数据图层备用。以生态分区 IM0104 作为实验区，属性数据图层如图 4.8 所示。

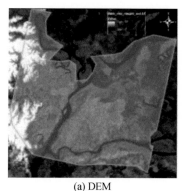  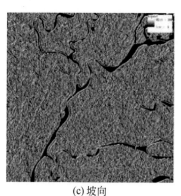

(a) DEM　　　　　　　　　　　(b) 坡度　　　　　　　　　　　(c) 坡向

图 4.8　属性图层

4.5.2　转移概率图

图 4.9 是每种地表覆盖类型的自转换和交叉转移概率图的结果。类型用代码表示，具体含义见表 4.3。

表 4.3　地表覆盖类型及代码

颜色	代码	地表覆盖类型
●	10	耕地
●	20	森林
●	30	草地
●	50	湿地
●	60	水体

1. 耕地

对于耕地这一土地覆盖类型而言，曲线较为曲折，在耕地、森林、草地、湿地、水体这五类当中和森林的转移概率最高，湿地的转移概率低于森林，水体的转移概率低于湿地，草地的转移概率基本为零。这是因为草地分布较为零散，与其他4个类别的转移概率都不高，而我们的耕地分布集中，与草地距离较远，耕地周围都被森林环绕，转移概率图结果与实际情况是相符的，也与我们日常的认知相符合。

2. 森林

由5个转移概率图可以很明显地观察到，森林由于自身所占比例最大，故自身的转移概率较高，远远高于其他4个类别。湿地与水体、森林的转移概率就低于森林的自相关转移概率，而耕地、草地与森林的转换关系几乎不存在，这是因为这两种类别本身的面积就比较小，这也与实际情况相符合。

3. 草地

通过观察发现，由于草地分布零散，转移概率图曲线很曲折，没有其他类别光滑，总体来看与耕地的转移概率几乎为0，近距离上与森林、水体、湿地转移概率相差不大，远距离来看与森林转移概率较高，这是因为森林本身占比最大的缘故。

4. 湿地

曲线比较平滑，随着距离的增大，转换为森林的概率逐渐增大。转换为水体的概率次于森林。与耕地、草地之间几乎不存在转换关系。并且湿地和水体总是伴生出现，这也与我们的认知相符，一般湿地总是出现在水体四周。

5. 水体

水体无论是自相关转移概率曲线还是交叉相关转移概率曲线形状都与湿地非常类似。首先，它们的曲线都比较平滑，随着距离的增大，转换为森林的概率逐渐增大。转换为湿地的概率次于森林。与耕地、草地之间几乎不存在转换关系。并且湿地和水体总是伴生出现，这也与我们的认知相符，一般湿地总是出现在水体四周，故两者的转移概率图曲线非常相似。

总体来说，每种类别最终都是转化为森林的概率最高，这是因为森林本身占比比较大，从地表覆盖类型图中我们就可以看出这一点，另外也了解到东南亚地区森林覆盖率在60%以上。而且森林、湿地、水体样本点丰富，转移概率图曲线平稳，可信度较高。耕地虽曲线不够平滑，但因为本身分布比较集中，故也具有一定的可靠性。草地样本点少且散，转移概率图不够光滑，置信度较低。

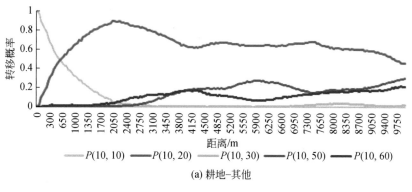

(a) 耕地-其他

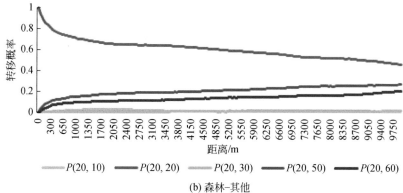

(b) 森林-其他

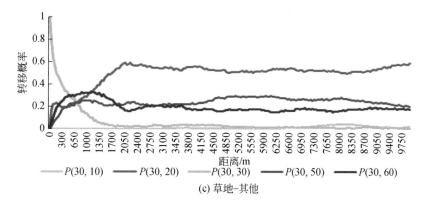

(c) 草地-其他

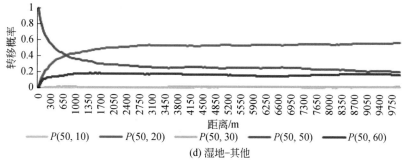

(d) 湿地-其他

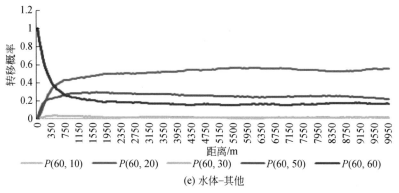

(e) 水体-其他

图 4.9　转移概率图模型（据剌怡璇，2020）

4.5.3　仿真结果

仿真实验采用两种方式进行，并对结果进行比较。一是只使用样本点进行马尔可夫随机场仿真，另一个是结合辅助数据（包括预分类产品数据即 GlobeLand30-2015 分类产品数据及生态分区 DEM、坡度、坡向 3 个属性图层等知识）得到的仿真结果。实验结果包含每种类别的发生概率图及最佳分类图。未添加辅助数据，仅使用样本点模拟结果的发生概率图如图 4.10 所示。色调越深，类别正确的可能性越高，反之亦然。黑色部分表示类型的置信水平接近 1，即可以认为类型的分类结果几乎 100% 确定。白色部分表示类型的置信水平大约为 0，这可以认为是不可能发生的，即分类错误的位置。森林的颜色最深、范围最广，说明森林模拟的可靠性最高。耕地面积虽小，但颜色深沉，因此，耕地模拟是可靠的。对于草地来说，几乎没有暗处，灰色区域较多，说明对草地的模拟不够可靠，浅色部分可作为进一步调查的警戒区。湿地和水体总是相互伴随的，因此它们的色调几乎是互补的，灰色的范围很大。因此，湿地和水体很容易被错误分类。

模拟结果的最佳分类如图 4.11 所示，这是每个位置最可能类型的集合。森林、耕地，以及部分草地、湿地、水体的符合度高于原分类产品（GlobeLand30-2015），其他有偏差的地方可能是分类错误的地方。

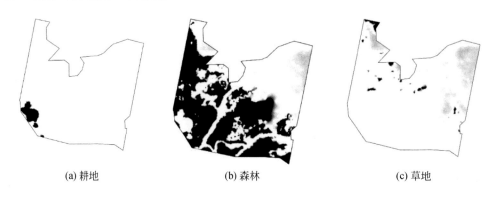

(a) 耕地　　　　　　　　　(b) 森林　　　　　　　　　(c) 草地

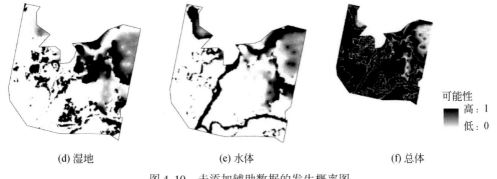

(d) 湿地　　　　　　　　　　(e) 水体　　　　　　　　　　(f) 总体

图 4.10　未添加辅助数据的发生概率图

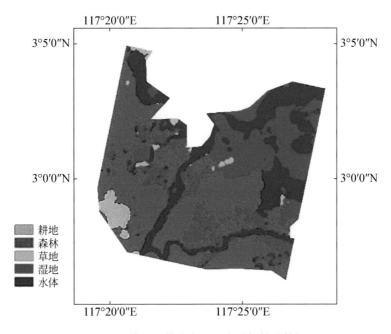

图 4.11　模拟最佳分类图（未添加辅助数据）

　　添加了辅助数据之后，由样本数据和辅助数据协同得到的模拟结果的发生概率图如图 4.12 所示。图 4.12 中可以明显看出森林的色调最深，且色调最深的范围最广，这说明大范围是森林的可靠性都很高。耕地虽然范围较小，但是色调也较深，说明对耕地的模拟也比较可靠。草地色调深的位置较少，色调偏浅的部分较多，说明对草地的模拟不够可靠，我们可以将色调比较浅的部分作为错分警示区，进行进一步的研究。湿地和水体总是相伴而生，因此二者的色调互补，色调不深不浅的重叠区域较大，这说明湿地和水体确实比较容易错分。其中湿地、水体、草地三类的模拟结果与只使用样本数据得到的模拟结果略有不同，具体的精度分析见下文。

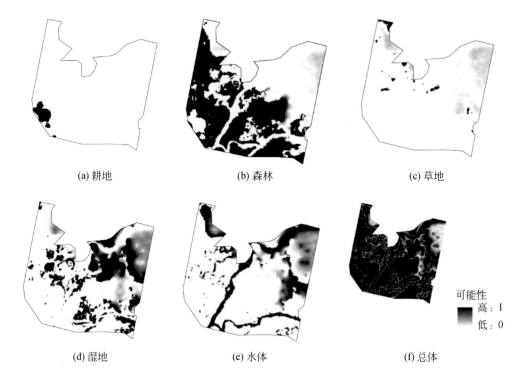

图 4.12　添加辅助数据的发生概率图结果

　　带辅助数据的最优分类图的模拟结果如图 4.13 所示。模拟结果表明，耕地、森林与原始分类产品的差别不大，耕地分布相对集中，森林分布覆盖范围广。主要变化在草地、湿地和水体，湿地和水体总是在一起的，因此它们很容易被错误地分类；草地的模拟和原始分类产品相差很大。可能的原因有两点，一是确实被错分为草地的像素比较多，二是转移概率图模型不够可靠。

4.5.4　精度分析

　　精度验证的方法是将两种不同模拟方法的最优分类图与用于精度验证的样本像素集进行比较，从而评估结果的正确性。类型匹配表示仿真结果是正确的，类型不一致表示仿真结果是错误的，结果见表 4.4。

表 4.4　精度评价

	与样本点匹配数目/个	占比/%
原始分类产品	5962	75.34
模拟结果	6451	81.52
模拟结果（结合辅助数据）	6843	86.48

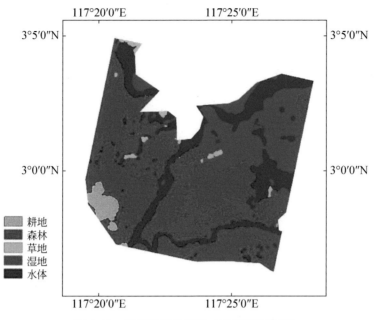

图 4.13　模拟最佳分类图（添加辅助数据）

GlobeLand30 产品虽然整体精度较高，但是针对局部或某种地物类型的精度仍不能满足要求，经过本书的协同仿真模拟，可以看出，原始分类产品与样本点匹配的正确率是75.34%，仅使用样本点的模拟结果与样本点匹配的正确率达到了 81.52%，比原始分类产品的精度提升了 6.18%，结合辅助数据的模拟结果与样本点匹配的正确率达到了86.48%，比原始分类产品的精度提升了 11.14%。并且我们得到的模拟结果中，发生概率图可以看出哪些位置精度较高，哪些位置精度较低，精度较低的位置可以作为错分警示区，为后续的使用提供了参考。

4.6　结论与展望

本章提出了一种将生态地理分区中的自然属性与马尔可夫链地统计模拟相结合的方法来提高地表覆盖分类产品的精度，可用于评价地表覆盖分类产品的空间精度变化，改善了一般混淆矩阵法整体精度评价的不足。在这项研究中，从网络渠道收集的以往其他研究中的地表覆盖产品精度验证点被重复使用。将生态地理分属性数据和预分类图像作为协同模拟的辅助数据，将模拟区域限定在生态地理分区界限内，模拟结果更为可靠。预分类图像的局部精度可以量化和提高。结果表明，将生态地理分区与马尔可夫链地统计模拟相结合，可使 GlobeLand30 数据的精度提高 10% 以上。

本研究存在一些不足，有待于今后改进。

（1）在本研究中，由于算法运算量大，可处理的图像大小受到限制。实验区只位于一个生态地理分区内。在今后的研究中，需要对算法进行优化，采用 GPU 并行加速的方法来增加可处理的数据量，使算法更加实用。

（2）现有收集到的生态地理分区自然属性数据有限，只能测试与高程相关的属性数据，其他类型辅助数据的影响有待进一步试验。生态地理分区在地统计模拟中的作用有待进一步探讨。今后可利用地学知识，结合验证点，生成合理的 Transiogram，进一步减少算法所需的样本点数。

（3）本研究的示例中样本点密度较高，方法的实验是基于高样本数量进行，该方法需要在更广的范围和更多的实例站点上进行验证。

第5章　基于本体的地表覆盖整合方法研究

近年来，随着遥感成像技术、分类算法等的飞速发展，各种免费的高分辨率遥感影像层出不穷，极大地推动了全球或大面积地表覆盖产品的研究和生产。但由于数据来源、分辨率、分类系统的不同，不能满足数据共享和互操作的需求。整合作为一种简单、有效、低成本的生成更高精度或满足用户某种应用需求产品的方法，通过量化各个数据源的优势和劣势，集中各个产品的优势生产出全新的地表覆盖产品或者满足某种需求的地表覆盖产品。

目前，地表覆盖产品的整合研究主要是解决以下问题：①不同的地表覆盖产品因为研究背景和研究目的不同，所以分类系统会出现一定的差异；②各个概念的定义出现差异。以往地表覆盖产品的整合是在整合过程中直接分析各个数据源的分类系统，通过相关地表覆盖产品翻译系统转化对应的图层。这种方法缺乏对地表覆盖产品概念的描述，因为对于不同的地表覆盖产品，即使是名称相同的概念，语义也会有很大的差异。因此，对地表覆盖产品的分类系统通过统一的概念化和形式化的客观描述，实现地表覆盖整合领域的知识共享和重用，是当前地表覆盖产品整合领域的一个主要趋势，也是国内外学者研究的一个主要方向。

针对这个方向，本章以多源地表覆盖遥感产品为例，提出了一种基于本体的地表覆盖产品整合方法，该方法主要从模式层和数据层两个方面进行考虑。模式层主要是将不同来源的地表覆盖产品分类系统语义通过本体进行描述，以混合本体方法为基础、以 EAGLE 矩阵元素为共享词汇表，将多个局部本体中的概念通过共享词汇表进行连接和比较。通过本体映射算法获得局部本体概念之间相似程度，将基于概念、属性和实例的本体映射相结合，得到异构地表覆盖产品之间的综合概念相似度，实现模式层的整合。另一方面，数据层面的整合考虑了产品本身的精度，利用地统计学克里金（Kriging）插值方法，通过对地面验证点的采集和解译，获得源产品的局部精度。最后，结合综合概念相似度和局部精度建立了两个整合模型。以 NLCD 2011 和 FROM-GLC-Seg2010（fine resolution observation and monitoring of global land cover segmentation 2010）为源产品，以 GlobeLand30（2010 年）地表覆盖产品为整合目标，将 GlobeLand30 美国区域的森林类分为阔叶林、针叶林和混交林。实验结果表明，第二个整合模型的精度更高，阔叶林、针叶林、混交林精度和整体精度分别为 82.6%、72.0%、60.0% 和 76.3%，相比第一个整合模型，精度分别提高了 1.2%、1.4%、11.7% 和 1.0%。对比前人的地表覆盖产品整合成果（张小红，2018），阔叶林、针叶林等二级森林类精度的提升幅度在 1.2% 到 10.0% 之间不等，产品整体精度的提升幅度在 1.0% 到 7.3% 之间不等。从结果可以看出，相比于利用其他编码方式或者翻译系统实现地表覆盖产品之间的信息交换，通过利用本体实现分类技术的知识共享和互操作性，最终的地表覆盖产品整合效果更好。该方法也可扩展应用到其他地物类型和地表覆盖产品。

5.1　引　　言

5.1.1　地表覆盖产品整合研究背景与意义

现代地球科学是一门典型的数据密集型科学。随着大数据时代的到来，为了有效利用这些庞大的资源，需要重新审视地球科学数据的价值，以及数据处理和分析的思维和方法（诸云强和潘鹏，2019）。地表覆盖数据作为地球科学大数据之一，是维持地球科学上层研究的地基。全球地表覆盖（GLC）产品是联合国气候变化框架公约、可持续发展目标和京都议定书等国际倡议的重要基础数据，也是各国政府和科学界监测环境变化和全球变化研究的重要基础数据（朱凌等，2020）。

20 世纪 80 年代以来，各国先后开发了不同分类体系和产品精度的全球、大陆、区域和国家的 10m ~ 1km 分辨率地表覆盖产品（Gong *et al.*，2019；Ryutaro *et al.*，2014；Bicheron *et al.*，2011；Bartholome and Belward，2005；Friedl *et al.*，2010；Hansen *et al.*，2000；Loveland *et al.*，2000；Le *et al.*，2013；陈军等，2017）。随着开放的卫星档案和谷歌地球引擎（GEE；Gorelick *et al.*，2017）等云计算平台的发展，近年来地表覆盖数据源的数量和生成的全新地表覆盖数据量在不断地增加。在对全球地表覆盖产品的回顾中，统计结果表明，大约 50%（33 个数据集中的 16 个）的数据集是在 2014 年（Xu *et al.*，2020）之后生成的。目前，全球已有 6 个 30m 分辨率的不透水面制图产品，包括 NUACI（Liu *et al.*，2018）、FROM-GLC（Gong *et al.*，2013）、GHSL（Corbane *et al.*，2020）、GlobeLand30（陈军等，2011）、HBASE（Wang *et al.*，2017）和 MSMT_RF（Zhang *et al.*，2020b）。全球地表覆盖基金（GLCF）和地表覆盖气候变化倡议（LC-CCI）（Bontemps *et al.*，2015）项目每年都会提供全球地表覆盖气候变化地图，因其提供的数据具有范围广且时间序列长的特点，十分适合一些全球或大范围的地表覆盖变化研究。Herold 等（2016）总结了现有的全球地表覆盖地图在空间、主题和时间属性方面的趋势，未来的发展趋势是对于地表覆盖产品的实时获取。随着越来越多的地表覆盖产品的出现，这也促进了整合地表覆盖产品的发展。整合是一种简单、有效、低成本的生成更高精度或满足用户某种应用需求产品的方法。多源地表覆盖数据整合是通过一定的数学模型和算法将各种数据源进行整合。整合通过量化各个源数据的优势和劣势，以达到获得的整合结果集中各个产品的优势的目的（Pérez-Hoyos *et al.*，2012）。

5.1.2　地表覆盖产品整合研究现状

在过去的十几年里，人们提出了各种地表覆盖产品整合的方法（Xu *et al.*，2014；Tsendbazar *et al.*，2015a，2015b，2016；Schepaschenko *et al.*，2015；Kinoshita *et al.*，2014；Jung *et al.*，2006；See *et al.*，2015；Zhu *et al.*，2021）。为了实现地表覆盖产品的整合，应该考虑地表覆盖产品的 4 个方面的特点：主题或语义（即地表覆盖类型）、空间（即空间

分辨率)、时间(即时间频率)和精度(包括空间、时间和属性精度,这里只考虑属性精度)特征。一般来说,地表覆盖产品的整合是选择年份一致和空间分辨率相似的源产品进行整合,所以本研究不考虑这两个因素。

对于不同的地表覆盖产品的生产,通常其分类系统和图像处理方法是为具体案例研究或研究项目独立制作的。这样一来,就会存在着大量的分类系统,这些分类系统在内容语义上往往存在重叠或相互关联,导致分类系统之间存在异质性和信息交互困难的情况。目前,尚没有哪一个地表覆盖分类体系能够被国际所统一接受。然而,也存在着一些主流的分类体系,它们在地表覆盖制图领域中起着重要作用。其中最著名的、应用最广泛的是安德森地表利用和地表覆盖分类系统(Anderson et al.,1976)及欧盟环境信息协调(CORINE)系统(Steemans,2008)。对于用户来说,仅凭类名或定义无法区分地表覆盖类别之间的语义差异。地表覆盖语义之间的异质性主要体现在对不同时期的地表覆盖产品进行比较,提取变化及整合多个具有不同语义的地表覆盖产品上(崔巍,2004)。例如,在研究过去15年的地表覆盖变化时,研究学者将面对多个不同版本的地表覆盖产品,以后的产品可能会包含更多的类别。如果这些类别与以前的产品类别之间的关系不清楚,那么就不能正确获得地表覆盖变化情况。例如,Tsendbazar 等(2015a)发现将地表覆盖产品 GlobCover2009、CCI-LC、MODIS-2010 和 GlobeLand30 以非洲地区为实验区进行整合时,GlobeLand30 在非洲部分地区出现草地过度表达的现象,这主要是由于地物异质性和分类体系不一致造成的混淆。Herold 等(2006)研究表明,由于不同的地表覆盖产品对森林类型的语义不同,导致结果图上的森林的分布范围有很大的不同。

联合国环境规划署粮食及农业组织(FAO)地表覆盖分类系统(LCCS;Jansen and Di Gregorio,2000)是迈向全球统一地表覆盖分类系统的一个重要历程。LCCS 分类系统的设计分为两个主要阶段。在初始的二分阶段,界定了 8 种主要的地表覆盖类型。之后是模块层次结构阶段,每个类由不同数量的分类器定义,分类器通过结合属性进一步定义。属性包括两个方面:环境属性(如气候、海拔、土壤、岩性等,这些属性影响地表覆盖,但不是固有的特征)和特定的技术属性(可自由添加到地表覆盖类别中)。因此,重点不再是类名,而是一组用于定义类的分类器。在定义类的过程中,地表覆盖类型所包含的语义信息可以更加清晰地表达出来。GLC2000、GlobCover2009 和 CCI-LC 均采用 LCCS 分类系统。

对于大多数地表监测项目来说,关于地表覆盖和土地利用的信息往往是混合的。为了提高地表监测系统的灵活性,适应当前和未来不同尺度的地表监测计划,有必要明确区分地表覆盖和土地利用来描述地表景观。来自 27 个欧洲国家的国家地表监测主管部门的代表发起了欧洲地表统一监测项目,该项目的目的在于提升综合地表监测系统的稳定性和扩展性。这个项目的构想是以 EAGLE 概念为核心,作为数据集和概念术语之间的语义翻译和数据集成工具(Arnold et al.,2013)。EAGLE 是一个遵循自底向上方法的面向对象数据模型。它不仅可以作为不同分类系统之间的语义翻译工具,还可以作为分析类定义、找出语义差距、重叠和不一致的数据模型。EAGLE 矩阵将地表覆盖类定义分解为组件、属性和特征,而不是对它们进行分类。这 3 个部分分别是地表覆盖成分(LCC)、土地利用属性(LUA)和特征(CH)。LCC 是指与地表覆盖建模相关的真实世界地貌,它相当于地表覆盖类别的组成部分。通过定义 EAGLE 矩阵中每一项的条形码值,就相当于解构了地表覆盖类型中包含的语义信息。以 LCC 为基础，通过在 LUA 模块中附加与土地使用相关的属性，并使用来自 CH 模块的矩阵元素附加更详细的特征，可以进一步指定地表覆盖单元或地表覆盖类。张小红（2018）通过利用 EAGLE 矩阵，将多个分类系统的语义信息进行编码翻译，使得多个数据源的分类体系之间可以进行相互转换，并运用到地表覆盖整合模型中获得了较好的分类效果。

整合过程中除了运用专业的地表覆盖分类翻译系统，如 LCCS、EAGLE 概念等，使用合适的整合算法运用到地表覆盖产品整合过程中也是非常有必要的。Zhu 等（2021）对地表覆盖产品的整合方法进行了详细的回顾。传统的地表覆盖产品整合技术如模糊集理论（胡宝清，2010）、概率论（陆四海，2014）和可信度理论（徐绪堪等，2019）等，但这些技术缺乏针对不同分类体系的地表覆盖数据的有效整合方法。以往的研究很少考虑语义问题，在整合过程中直接分析各个数据源的分类系统，通过相关翻译系统转化对应的图层（Mccallum et al., 2006；Giri et al., 2005）。整合结果中的类别数目只能与源产品中类别数目最少的类别数目相同，类别较多的源产品只能按照类别较少的源产品类型进行合并（Tsendbazar et al., 2015a, 2016；Schepaschenko et al., 2015；See et al., 2015；Herold et al., 2008）。Xu 等（2014）用状态概率向量表示每个图例属于国际地圈生物圈规划（international geosphere biosphere programme，IGBP）类型的概率，状态概率的计算是基于主观定义和对其他文献的参考来获取的。近些年来，一些研究已经将语义翻译考虑在内，Pérez-Hoyos 等（2012）使用 LCCS 作为计算重叠矩阵和相似性参数的中间媒介。Zhu 等（2021）利用语义翻译的 EAGLE 矩阵将 GlobeLand30（2010 年）地表覆盖产品的一级森林类细分为阔叶林、针叶林和混交林。

形式化语义知识表示是综合地球观测数据、大数据计算、挖掘和可视化的基础。随着信息量的剧增，各种各样的知识工程也应运而生。这些语义知识以本体、语义网络、知识图谱等为依托，被广泛应用于知识工程、人工智能等领域，如知识推理、信息提取、智能辅助策略等（王昊奋等，2020）。

不同信息系统之间的交流就会出现语义异构问题。要解决语义异构首先需要对系统所使用的术语进行概念化和形式化的客观描述，然后建立语义信息集成系统，只有这样计算机才可以通过语义集成系统自动进行推理，实现不同系统之间信息和知识的交换。本体技术一直是语义信息一致性表示和建模的研究热点。本体作为共享概念的形式化规范（Studer et al., 1998），可以精确表达领域内的概念和概念间的层次关系。语义互操作性是指两个或多个系统或组件能够很好地通信并对通信信息加以利用的能力。它可以确保异构系统使用相同的规范来分析和处理数据。地理空间本体可以用机器理解的形式表达地表覆盖领域内的知识，用于语义建模、语义互操作性、知识共享和信息检索服务（诸云强和潘鹏，2019；谭永滨等，2013；李军利等，2014；刘纪平等，2011；安杨等，2004；Corresponding，2005）。地理本体论是涵盖哲学、万维网、人工智能、地理信息等多学科交叉的理论体系。越来越多的研究机构开始研究地理本体领域的构建和应用，并且已出现一些主流的商业用途的本体库或者供研究学者免费开发和应用的本体库，如WordNet（http://wordnet.princeton.edu）、GeoNames（http://www.geonames.org）、SWEET（http://bioportal.bioontology.org/ontologies/sweet）。诸云强和潘鹏（2019）对地理空间本体论进行了详细的回顾。

　　本体整合的核心问题是异构本体间映射的生成。由于不同本体的设计者对于问题的理解不同、设计目的不同等因素造成对同一概念的解析和分类都会有差异存在。例如，本体的模型层就会因为本体描述领域具有相关性或者领域之间存在交叉而出现不匹配的问题。Visser 等（1997）将本体模型层上的不匹配分为概念层的不匹配和解译层的不匹配。两个或多个本体间异构的问题是通过本体整合或本体映射来解决的。本体整合是指将多个本体整合为一个本体；本体映射是通过一系列复杂的算法和本体构建流程发现两个或者多个本体之间的映射规则。由于大部分的主流本体是由概念、关系、属性、实例和公理等组成的，所以两个或者多个本体间的映射规则是基于这些组成进行探讨。概念作为本体的基础，本体构建最先确定的就是概念，因此概念映射为最重要的映射。实例作为概念的延伸和本体的最小单元，具有原子性（即不可再分），因此需要创建异构本体实例之间的映射关系。通过映射，可以清晰地表达本体概念之间的相等、不等、包含、重叠、部分、对立等关系。

　　本体之间的映射可以通过人工匹配、半自动匹配来完成，但耗时耗力，已经满足不了当今本体构建的需求。本体的构建不仅需要解决语义层次的不匹配关系，而且需要更加自动化的映射。为了建立异构本体之间的映射关系，不同的研究者从不同的角度分析并形成了多种映射方法。包括基于术语的本体映射、基于结构的本体映射、基于实例的本体映射及综合方法（王昊奋等，2020）。基于术语的本体映射从本体术语开始，比较与本体组件相关的名称、标签或注释，以及术语间的层次关系等进行综合考虑来发现本体术语之间的异构性。其中，术语之间的层次关系可以利用词典等外部资源的语义关联来查找。例如，WordNet（Miller，1995）可以用来确定两个术语是同义的还是上下义的。研究表明，仅使用基于术语的本体映射很难得到满意的结果，因此基于术语的本体映射经常和其他层次的映射结合使用，如结构映射、属性映射、实例映射等。基于结构的本体映射主要是分析异构本体之间的层次关系的相似程度，然后创建对应的映射规则。本体的属性可以用来计算本体组件之间的相似性，因为具有相同属性的概念之间的相似性越大（Ekaputra et al.，2017）。王昊奋等（2020）认为，大多数基于术语和结构的本体映射工作只能找到简单概念之间的等价和包含关系。这种方法基于直观的思想，缺乏理论上的依据，适用范围较为狭窄，最终得到的效果往往不太理想。基于实例的本体映射通常通过比较概念的外延来发现异构本体之间的语义关联。与基于术语和结构的方法相比，基于实例的方法在质量、类型和映射复杂度方面都取得了较好的效果。大多数实例方法都要求异构本体具有相同的实例集。一些方法使用手工标注实例，一些方法使用机器学习，但映射结果会受到机器学习准确性的影响。不同的映射方法各有优缺点，为了得到更好的结果，本书将不同的映射方法混合在一起，量化各个方法的优势和劣势，将各自的优势结合起来进行本体之间的映射关系计算。

　　本体映射需要使用相关算法，如概念相似度算法、文本相似度算法等，将多个相似度算法整合起来建立映射规则。其中，相似度计算是本体映射的关键步骤。Ahlqvist（2012）总结了地表覆盖领域的语义问题，总结了 5 种衡量语义相似度的方法，利用语义相似度矩阵预测类型之间的混淆程度，提取了地表覆盖的细微变化。

在遥感领域，本体还没有像 GIS 那样得到广泛的应用。Arvor 等（2019）总结了基于地理对象的图像分析（GEOBIA），特别是在数据发现、自动图像插值、数据互操作性、工作流程管理和数据发布等方面，并认为基于本体的数据集成可以增强将遥感学科与生态学、生物学和城市化等其他科学学科联系起来的能力。在 HarmonISA 项目（Hall，2006）中，CORINE 分类系统、奥地利空间分析土地利用分类系统等通过本体进行描述。

在地表覆盖产品集成中，除了语义问题外，还需要考虑源产品的精度。精度高的产品更可靠，整合过程中该产品所占的比例就越大。但总体精度不能反映源数据特定像素位置分类可靠程度。一些学者（Xu et al., 2014；Tsendbazar et al., 2015a, 2016）在整合分类过程中使用局部精度而不是使用整体精度作为最终参与地表覆盖产品整合分类的一个参数，这种方法取得了较好的成果。

5.1.3　地表覆盖产品整合研究内容

本章是以本体描述多源地表覆盖数据，通过将多个分类系统不同、语义不同的异构地表覆盖数据源进行整合，从而得到一个新的地表覆盖产品。本章以美国地区为研究区域，以 NLCD 2011（Wickham et al., 2018）和 FROM-GLC-Seg2010（俞乐等，2014）为源数据，以 GlobeLand30（2010 年）为目标数据进行整合，针对异构地表覆盖数据源的特点，提出了一种将语义互操作性引入地表覆盖数据整合的技术方案。该方案在本体构建的基础上引入相似性检测，解决了异构数据之间的整合问题。主要内容如下：

（1）本研究通过 EAGLE 矩阵建立了一个包含一般地表覆盖词汇和属性等信息的共享词汇表及多个局部本体，从不同的异构数据源中提取各个分类系统的语义信息进行概念化和形式化的描述。通过 EAGLE 共享词汇表对美国区域的多个地表覆盖数据源之间的概念进行拆分和解译，并建立相应的语义映射，建立起 NLCD 2011、FROM-GLC-Seg、GlobeLand30 等局部本体之间的关系。

（2）地表覆盖本体映射算法是多个独立的局部本体通过共享词汇表建立映射关系，通过基于语义、属性、实例等独立的层次映射结果进行综合获得最终的相似度映射结果，避免因采用单一的计算方法使得计算结果不稳定。通过混合映射算法使得本体映射的聚合结果稳定性更强。

（3）本研究的整合方法分为两个步骤，分别是模式层和数据层。第一步是模式层的整合：将不同来源地表覆盖产品分类系统语义通过本体进行描述，通过本体映射算法获得局部本体概念之间相似程度；第二步是数据层的整合：引入源产品的局部精度，采用模糊集理论对数据进行整合。随后，将模式层和数据层代入整合模型获得最终的地表覆盖产品分类结果。

5.2　基于本体的地表覆盖产品模式层整合

地表覆盖产品模式层整合主要是解决不同的地表覆盖产品分类系统之间的差异以及对于概念的定义出现的认知差异。因为不同的地表覆盖产品的生产，通常其分类系统是根据具体案例的研究或研究项目独立制作的，随着不同的地表覆盖产品的增多，地表覆盖领域内就会存在着大量的分类系统。这些分类系统在内容语义上往往存在重叠或相互关联的现象，导致分类系统之间存在异质性和信息交互困难的情况。针对这种情况，本书采用基于本体的地表覆盖产品整合，利用本体对于知识概念化和形式化的客观描述的特性，可以实现地表覆盖领域的知识共享和重用。这样一来，多个地表覆盖产品对于相关领域内的概念有着相似或者相同的理解，产品之间的比较和连接就会变得很容易。接下来本章节将具体介绍如何利用本体实现地表覆盖产品模式层整合。

5.2.1 本体的相关理论

1. 本体的定义

本体的概念来源于哲学领域，目的是研究事物存在的本质和组成。1991 年，Neches 等（1991）将本体的概念与计算机领域结合起来。随着本体在多个领域的广泛应用，相关的本体研究学者对于本体的定义没有一个统一的理解，其中被广泛接受的本体定义是 Gruber（1995）在 1995 年提出的：本体是概念模型的明确的规范说明。1998 年，Studer 等（1998）结合前人研究给出了新的定义：本体是共享概念模型的明确的形式化规范说明，并对该定义进行了详细的解读。

根据以上本体研究学者给出的定义可以看出，本体通过把特定领域客观存在的事物抽象为一个一个的概念，描述这些特定领域的概念和概念间关系，建立共享词汇表，采用一定的编码语言将本体转换为计算机可以辨识的语言，实现具体操作。

2. 本体的组成

一个完整的本体模型一般由几个基本的模块组成，包括概念、关系、函数、公理和实例。

概念指在特定的领域范围内所有可能出现的概念，每一个概念都可以称之为类。它表示的是所认可的知识对象集合。关系是指概念之间的关系，通常关系包括以下 4 种：part-of、kind-of、instance-of、attribute-of。函数可认为是特殊的概念关系。例如，father-of（x，y）表示 y 是 x 的父亲，对于 x 来说，其父亲就是唯一确定的。公理指的是永真断言，无须进行推理，如正方形的内角和为 360°。公理可以用来对数据进行推理和验证。实例是指组成该概念集的具体对象，实例是本体最小的单位，具有不可再分的性质。

3. 本体构建原则

本体的概念和组成确定之后，就可以进行本体的构建。但是由于研究背景和研究目的不同，不同的领域本体需要根据具体的需求来构建。目前本体构建没有统一标准，人们通过分析现有的一些本体构建经验，总结出了一套相对较为完善的构建准则。这些准则包括以下 5 条（Gruber，1995）：①清晰化：对于本体的概念，需要清晰明确地表示出概念的定义。因此概念的定义需要尽可能的客观，在不受研究背景等因素的影响下，明确传达出概念本身的定义。②一致性：是指在本体存在的公理之上做出的推理应与原有的定义具有一致性，不能产生冲突或者语义的矛盾。对于概念也需要满足一致性的要求。③可扩展性：在本体建模的过程中，可能会出现添加术语或概念的情况，可扩展性就是在保证不对现有本体做出修改定义等重大变动的情况下，动态的为本体添加新的概念，而且不会出现新添加的概念与原先概念矛盾的现象。④编码偏好长度最小：概念描述的重点应该在知识层面上进行表达，而不是在编码层次上通过易于编码的语言进行描述。如果仅仅是为了方便快捷的实现本体框架的构建而进行的编码，就会产生编码偏差。⑤最小本体承诺：承诺在本体构建流程中的定义是以开放、兼容的方式用共享词汇达成共识。设计的本体应该尽量给出更少的约束，允许各方对构建的本体进行更加细致的领域化和实例化，这样符合本体可扩展性的特点。由于本体论承诺是基于词汇的一致使用，本体论承诺可以通过指定最弱的理论（允许最多的模型）和只定义那些对与该理论一致的知识交流至关重要的术语来最小化。

实际上，像大多数设计问题一样，本体的构建准则需要根据研究背景和研究目的在多个标准之间进行衡量。这些标准本身是没有矛盾的，但使用过程中往往难以全部满足，需要进行一定权衡。

4. 本体构建方法

本体构建方法按照构建方式分为自顶向下和自底向上两种（胡芳槐，2015）。

自顶向下的构建方法主要是先根据现有的数据源进行概念和关系的分析，提取出本体，将抽取到的属性和实例填充到本体中，再根据具体的要求对本体进行扩建。但这种方法人工依赖性较强，且由于不同的数据源之间的差异，影响本体的通用性。因此这种构建方法仅适用一些数量较少的数据源本体的构建。

自底向上的构建方法是利用先验知识建立一个抽象的概念框架，再根据具体领域的实际应用不断的细化本体。这种方法自动化程度较高，但可能会因为先验知识的不足，具体领域的认知差异导致建立的本体通用性不高。目前常见的方法主要有企业建模法、骨架法、七步法等（Forestier *et al.*，2013）。

本书采用 Uschold 和 Grueninger（1996）在 1996 年提出的七步法本体构建方法。其构建过程主要分为以下步骤：①对相关领域和学科进行分析，确定创建本体的目的和研究范围。②对现有的本体进行考察和分析。在本体构建的过程中，重用前人构建的本体库是十分必要的，利用这些现有的本体库不仅可以缩短本体的开发时间，而且这些现存的本体库为要构建的本体提供了一定的先验知识。③列举相关领域的概念术语。④定义概念和概念间的层次关系。⑤对所有的概念属性进行分析，属性可以描述概念之间的一些内在联系。⑥定义属性的约束。包括属性的类型、定义域和值域等。⑦创建实例。根据确定好的类添加实例。

5.2.2　本体与数据集成

本体具有描述特殊领域知识概念和关系的能力，通过一套共享的术语表保证领域内知识的获取、共享及重用，从而在多信息源的语义集成中本体具有其独特的功能（杨典华等，2011）。本体具有捕获跨异构数据源的隐含知识并在它们之间创建语义互操作性的功能，这被称为基于本体的数据集成（ontology based data integration，OBDI）。

Ekaputra 等（2017）对 OBDI 的应用进行了总结和分析，并定义 OBDI 有 4 种不同的构建方法：单一本体方法、多本体方法、混合方法和全局视图本体方法。不同的 OBDI 策略决定了这些本体如何相互关联。在地表覆盖产品整合过程中，选择最合适的 OBDI 构建方法是一个关键问题。对于单一本体方法 OBDI 来说，它只定义了一个全局本体，并将每个源数据直接关联全局本体。这种方法构建简单，但是当源数据对于领域内的知识认知出现不一致的理解的时候或者数据源发生变化的时候，全局本体很难适应这种变化，这对于维护全局本体是十分困难。对于多本体方法 OBDI，每个数据源本体都是单独分析自己的数据源信息进行描述，但是这种方法缺少共享词汇表用于源本体之间的互操作。为了解决此问题，需要定义本体间映射规则。但在映射过程中不同的地表覆盖数据具有不同的领域知识理解。因此，很难定义本体之间的这种映射规则。混合方法除了每个信息源都建立各自本体之外，另外在上层建立共享词汇表或全局本体。所有的局部本体都是依据共享词汇表或全局本体创建。这样可以使各个源数据本体的概念通过共享的词汇表或全局本体连接起来。混合法的优点是实现了一个共同的接口或者对领域内知识统一的理解，在不修改共享词汇表的情况下，可以很方便地添加新的数据源（张萌萌，2008；邓连瑾，2008）。

本书使用 Protégé5.5 版本作为本体开发工具，因为它具有免费、开源、可扩展性、可视化等特点（严则金和庞春梅，2021）。Protégé 支持 OWL、RDF（S）、XML、DAML+OIL 等本体语言（张德海等，2018）。在人工智能和计算机时代，本体的构建通常使用本体描述语言描述概念、关系等，使得用户可以为领域内模型编写明确的、形式化的规范描述（江泓，2013）。本书主要采用网络本体语言（OWL），在构建本体时能够很好地实现知识节点的连接，具有统一的规范等优点。

1. 共享词汇表的构建

本研究涉及多个地表覆盖产品，每个数据源对地表覆盖概念都有着自己的语义理解，未来也会增加其他的数据源。因此根据本体集成构建方法的优缺点，本书采用混合方法构建本体。对每个地表覆盖数据源根据各自的分类系统和定义进行拆解并通过共享词汇表进行描述，建立相应的局部本体。上面提到的 EAGLE 矩阵被用作共享词汇表，因为它独立于任何特定的地表覆盖分类。这使得局部本体之间的映射关系确立变得很容易，它们都遵循 EAGLE 元素来定义每个类别的属性。以 EAGLE 矩阵为媒介，通过本体映射实现不同地表覆盖数据的集成。这种混合方法充分考虑了系统的开放性、动态性、扩展性和互操作性。

EAGLE 矩阵具有 3 个模块（LCC、LUA、CH；图 1.10），从上到下、粒度逐渐细化，以满足不同尺度地表覆被类型定义的要求。在设计局部本体时，可以根据地表覆盖产品类型的定义，任意选择这些组件、属性和特征。此外，为了实现地表覆盖地图集成的任务，EAGLE 矩阵中的特征模块可以在属性和公理方面进行扩展用以区分不同概念间的差异。图 5.1 描述了全局本体和局部本体的系统架构，主要描述了主要组件及它们之间的关系。

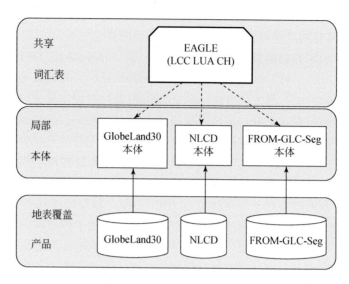

图 5.1　本体构建框架

图 5.1 中黑色箭头表示数据的转换，虚线箭头表示隐式关系。在本设计中，可以通过共享的 EAGLE 矩阵共享词汇来建立数据源之间的关系，使得各数据源本体之间的语义比较成为可能。地表覆盖产品一栏为本书整合实例所需的数据源。通过将 3 个地表覆盖产品GlobeLand30、NLCD、FROM-GLC-Seg 各自的分类系统、定义、属性等进行拆分和解译，利用共享词汇表 LCC、LUA、CH 3 个模块描述每个数据源的地表覆盖类型的概念、定义概念之间的关系和属性等，最终根据本体构建方法建立相应的局部本体。这样局部本体之间可以通过共享词汇表进行连接和比较。

2. 局部本体

局部本体用于描述各个地表覆盖数据源的概念模型。其构建过程主要分为两个部分：数据源分析和局部本体的定义；建立局部本体与共享词汇的映射关系。首先，需要对所需的数据源进行全面分析，考虑每个数据源的概念术语及每个类之间的层次关系。在局部本体构建过程中参考数据源分类系统，建立概念层次结构。其次，将每个局部本体地表覆盖概念分解为共享词汇表——EAGLE 矩阵，清晰地表达概念的属性及概念间的层次关系等；为了将各个数据源的语义拆分到共享词汇表，需要对地表覆盖分类系统中涉及的各个类别的语义进行详细分析。

本书涉及的地表覆盖产品包括 GlobeLand30、NLCD（Wickham *et al.*，2018）和 FROM-GLC-Seg（俞乐等，2014）。在构建每个地表覆盖数据源的本体时，类别间的层次关系也按照分类系统的层次关系进行排列。因此，当地表覆盖类别通过共享词汇表被拆分到本体时，类别就变成了概念。以 FROM-GLC-Seg 针叶林为例进行说明，图 5.2 是 FROM-GLC-Seg 局部本体中针叶林的一个具体例子。对 FROM-GLC-Seg 分类系统类别定义进行分析，获得每个概念包含的属性。

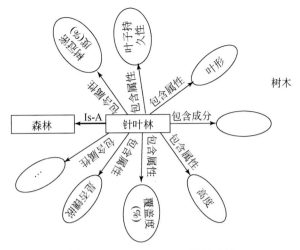

图 5.2　FROM-GLC-Seg 的针叶林

在图 5.2 中，矩形表示概念或类，属性用椭圆进行表示，概念间的关系通过粗黑色的箭头进行连接，属性等其他关系通过细黑色的箭头连接，具体关系的名称则是通过细黑色箭头上的单词进行描述。从图 5.2 可以看出针叶林是 FROM-GLC-Seg 中森林的一个子类，在 EAGLE 共享词汇表中与生物/植被–木本植物–树木有关。对于 FROM-GLC-Seg 中的针叶林，其定义为高度大于 3m，森林盖度大于 15.0% 的树木，相应的属性包括叶型、树高、是否镶嵌等。其他 EAGLE 矩阵中元素与针叶林定义的语义无关，所以这里不作显示。

GlobeLand30 拥有 10 个一级地表覆盖类。本书将以森林的二次精细化为例，将森林一级类分为针叶林、阔叶林和混交林二级类。GlobeLand30 地表覆盖局部本体如图 5.3 所示。在图 5.3 中，第一列是 GlobeLand30 地表覆盖概念及它们概念之间的层次关系。第二列是

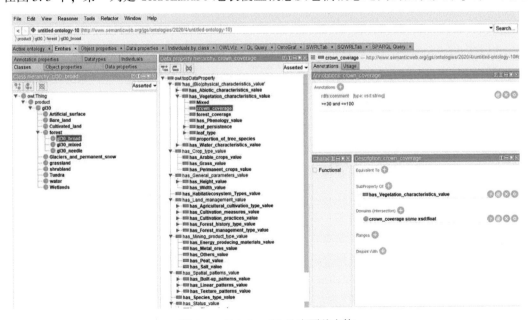

图 5.3　GlobeLand30 地表覆盖本体

概念的数据属性。第三列是属性的一些限制。例如，对于树冠密度，它的注释是≥30 和 ≤100。特定属性的定义域字段和值域字段可以在对应的属性上自行设置。如上所述，需要相关领域专家在每个地表覆盖产品定义的基础上拆分并解译每个类别的语义和相关属性，以此来确定每个地表覆盖类型的语义需要哪些共享词汇表中的元素。

　　NLCD 分类系统合并了包括海岸变化分析项目分类协议和安德森系统在内的现有方案（Homer et al.，2015）。NLCD 有 8 个一级和 16 个二级。NLCD 地表覆盖局部本体如图 5.4 所示。

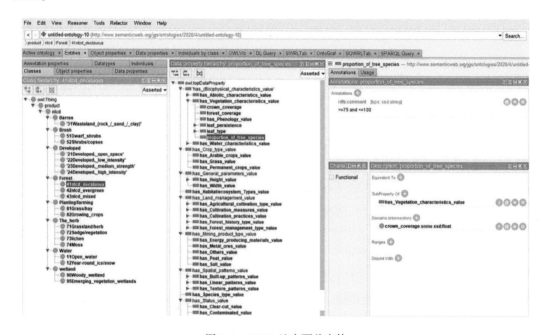

图 5.4　NLCD 地表覆盖本体

　　FROM-GLC-Seg 的分类方案主要是基于随机森林分类器和最大似然法的方法进行分类。利用 TM 和 ETM+影像的 6 个波段光谱数据，将该地表覆盖产品分为两个层次，包括 10 个一级类和 27 个二级类。FROM-GLC-Seg 的地表覆盖局部本体如图 5.5 所示。

5.2.3　本体映射

　　随着本体在多领域的广泛应用，如何在不同的应用本体之间建立共同的接口或者拥有相同的理解进行互操作，已经成为一个亟须解决的问题。本体映射能很好解决本体间的异构性问题。其过程一般分为：特征提取、选取概念对、相似度计算、相似度整合、优化和迭代等步骤（Gruber，1995）。其中最重要的步骤就是概念相似度的计算。概念相似度是一种描述概念间相似程度的重要方法。国内外在基于本体的相似度领域已形成了较为成熟的划分体系（Batet et al.，2011；陈二静和姜恩波，2017），包括基于语义距离、基于内容、基于属性和混合方法（裴培和丁雪晶，2020）。在相似度计算时如果仅从某个方面进行考虑，如语义映射时只进行语义距离的相似度计算，计算结果会因为人为因

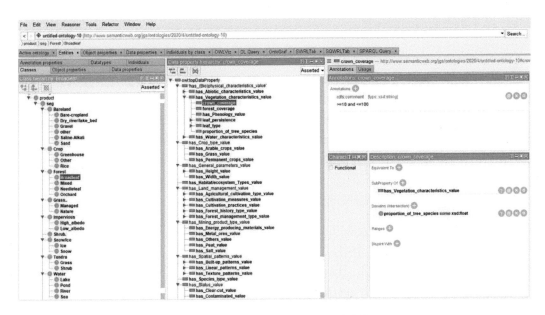

图 5.5　FROM-GLC-Seg 地表覆盖本体

素使结果非线性偏高。例如，基于 WordNet 结构的计算方法受到人工的主观影响较大。因此多种方法的融合可以在一定程度上弥补单一方法的不足（裴培和丁雪晶，2020）。本书采用混合法计算相似度，并分别给各个语义相似度设置一定的权重，得到最终的综合语义相似度。

首先，利用全局共享词汇表 EAGLE 矩阵中的元素分析各个数据源概念进行分解，接着通过将概念术语与词典等外部资源进行比较，得到异构本体之间概念对的相似程度。此外，基于属性、实例的算法也用于计算概念对之间的相似度。流程图如图 5.6 所示，从本体 1(O_1) 和本体 2(O_2) 中提取概念对，分别计算基于概念名称、属性和实例的相似度，最后设置权值计算综合概念相似度。

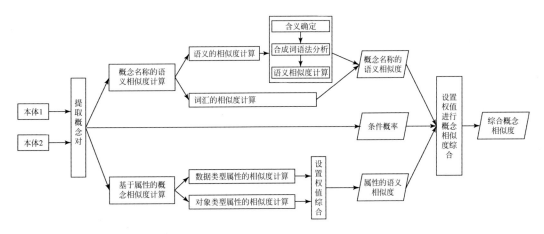

图 5.6　综合相似度计算框架

1. 基于概念的相似度计算

本书计算概念名称的相似度分别从两个方向进行：语义相似度和词法相似度。其中语义相似度计算选取具有代表性的基于语义距离的 Wu-Palmer 算法（秦鹏，2010；Wu and Palmer，1994；张克亮和李芊芊，2019）来进行概念语义相似度的计算，它是一种基于 WordNet 的相似度算法（孙丽莉和张小刚，2017；韩程程等，2020；Reynaud and Safar，2007）。WordNet 是一种英文的语义辞典，不仅包括单词的概念解释，词性信息等，还包括多种语义关系。首先对构建好的本体中的概念名称进行分词，提取词干等预处理操作。继而得到两个单词集合 $\{A_i = | i = 1,2,\cdots,n\}$ 和 $\{B_j = | j = 1,2,\cdots,n\}$。以本书的 FROM-GLC-Seg 中的阔叶林为例，首先利用 WordNet 查询该单词的概念解释为：having relatively broad rather than needlelike or scale like leaves。对其进行分词，确定词性，提取词干，提取的结果为 broad、leaves。因为本书只针对名词和副词进行语义相似度的计算，根据单词词性可互相衍生的规则（何娟等，2006），将形容词 broad 替换为名词形式且意思相近的名词 width 进行计算，leaves 转为相对应的单数形式进行计算，因此最终提取的结果为 width、leaf。其他的单词也按照这个步骤进行处理。接着引入语义字典 WordNet，可以通过在 WordNet 中的搜索，得到此单词的同义词、上下位等关系。

按照 Wu-Palmer 概念相似度算法计算：

$$\text{sim}(A_i,B_j) = \frac{2\times\text{depth}(\text{lso}(A_i,B_i))}{\text{len}(A_i,\text{lso}(A_i,B_i))+\text{len}(B_i,\text{lso}(A_i,B_i))+2\times\text{depth}(\text{lso}(A_i,B_i))} \tag{5.1}$$

式中，$\text{depth}(\text{lso}(A_i,B_i))$ 代表概念 A 与 B 最近共有祖先的语义深度；$\text{len}(A_i,\text{lso}(A_i,B_i))$、$\text{len}(B_i,\text{lso}(A_i,B_i))$ 分别代表概念 A_i 和 B_i 到达最近共有祖先概念的语义距离。语义相似度的计算是先对概念 B 中的每个单词 B_j，从 A_i 中选取按照 Wu-Palmer 算法计算的相似度中最大值作为概念 A 和单词 B_j 的相似度，表示为 $\text{sim}(A,B_j)$，则概念名称的语义相似度为对 n 个 $\text{sim}(A,B_j)$ 取平均值得到最终的语义相似度为

$$\text{sim}_{\text{semantic}}(A,B) = \sum_{j=1}^{n}\text{sim}(A,B_j)/n \tag{5.2}$$

接着引入了词法相似度，其计算公式如下所示（李荣等，2011）：

$$\text{sim}_{\text{lexical}}(A,B) = \max\left(0,\left(1-\frac{2\times\text{trans}(A,B)}{|\text{token}(A)|+|\text{token}(B)|}\right)\right) \tag{5.3}$$

式中，$|\text{token}(A)|$、$|\text{token}(B)|$ 分别表示概念 A 和概念 B 中的单词数量；$\text{trans}(A,B)$ 是将概念 A 转为 B 所需最小编辑操作次数。与 Levenshtein Distance 算法（姜华等，2014；Levenshtein，1966）不同，词法相似度涉及的编辑操作是面向单词的。

对于提取的单词，首先按照上述介绍的语义相似度算法计算本体间单词集合的语义相似度，接着按照词法相似度的公式计算单词间的词法相似度，最后对两个相似度进行加权平均形成一个概念名称相似度矩阵，记为 $\text{sim}_c(A,B)$。

2. 基于属性的相似度计算

在局部本体中，每个地表覆盖概念的语义属性由全局词汇表中的 LCC、LUA 和 CH 模块中的 EAGLE 矩阵元素表示。计算效果取决于本体属性的完备性。两个概念之间的相同属性越多，相似性越高；反之，概念间属性越不同，相似性越低（裴培和丁雪晶，2020）。本书判断两个属性是否相似主要从以下几个步骤进行：首先对数据进行属性类型的分类。地表覆盖属性有不同的类型，主要包括字符类型、数字类型、区间类型、布尔类型等。接着对每个分类进行属性名称和属性值的相似度进行计算，然后对两者进行加权计算，最后对各个属性类型进行加权计算获得最终的属性相似度矩阵。这里假设两个本体 O_1 和 O_2，两个本体的属性分别为 $p_i = (p_{i_1}, p_{i_2}, \cdots, p_{i_m})$，$p_j = (p_{j_1}, p_{j_2}, \cdots, p_{j_n})$，$i$ 和 j 表示同一性质的两个属性，m 和 n 表示属性值的个数。

（1）字符型计算。对于字符型的计算，分别计算属性名称和属性值的相似度。属性名称和属性值的相似度的计算按照概念名称的语义相似度计算方法进行计算。例如，对于字符型属性：叶子持续性和叶型。NLCD 2011 常绿林的叶子持续性为常绿。GlobeLand30 阔叶林的叶型为阔叶。先计算叶子持续性和叶型概念名称的语义相似度，再对阔叶和常绿进行概念名称的语义相似度计算，最后将两者进行加权平均，获得字符型的计算结果。

（2）数值型属性值的语义相似度计算（宋有聪，2013）。若是属性值 $p_{i_m} = p_{j_n}$，则语义相似度为 1，公式如下：

$$\mathrm{sim}(p_{i_m}, p_{j_n}) = \begin{cases} 1, & p_{i_m} = p_{j_n} \\ 1 - \dfrac{|p_{i_m} - p_{j_n}|}{\max(p_{i_m}, p_{j_n})}, & p_{i_m} \neq p_{j_n} \end{cases} \tag{5.4}$$

式中，p_{i_m}, p_{j_n} 表示同一性质的两个属性值；$\max(p_{i_m}, p_{j_n})$ 表示在 p_{i_m}, p_{j_n} 中取较大值。

（3）区间型属性值比较常见，若两者之间的属性没有交集，则属性相似度为 0。若他们之间存在交集，则

$$\mathrm{sim}(p_i, p_j) = \dfrac{p_i \cap p_j}{|\max(p_{i_n}, p_{j_n}) - \min(p_{i_m}, p_{j_m})|} \tag{5.5}$$

式中，$p_i = [p_{i_m}, p_{i_n}]$、$p_j = [p_{j_m}, p_{j_n}]$ 代表连续区间；$\max(p_{i_n}, p_{j_n})$ 是指属性 p_i、p_j 在区间值中最大的值；$\min(p_{i_m}, p_{j_m})$ 是指属性 p_i、p_j 在区间值中最小的值；$p_i \cap p_j$ 表示区间长度的重叠值。

（4）布尔型属性值的语义相似度计算。布尔型属性值属于非是即否的关系。相似度计算方法为

$$\mathrm{sim}(p_{i_m}, p_{j_n}) = \begin{cases} 0, & p_{i_m} \neq p_{j_n} \\ 1, & p_{i_m} = p_{j_n} \end{cases} \tag{5.6}$$

式中，p_{i_m}、p_{j_n} 表示 O_i、O_j 在同一性质上的两个属性值。

分别对 O_i、O_j 属性名称按照式（5.1）、式（5.2）计算名称的相似度，接着设置各类型权重，最终 O_i、O_j 的相似度为

$$\mathrm{sim_{ttr}}(O_i, O_j) = \sum_{k=1}^{n} w_k S_k(p_{i_m}, p_{j_n}) \tag{5.7}$$

式中，$S_k(p_{i_m}, p_{j_n})$ 为属性类型的计算结果；p_{i_m}、p_{j_n} 是 O_i、O_j 的属性值；$w_k \in [0,1]$ 且所有权重之和为 1，权重一般由专家给出。一般为加权平均得到基于属性的概念相似度矩阵，本书对于属性相似度的计算也选取加权平均的方式来获得最终的属性相似度矩阵。

3. 基于实例的相似度计算

基于实例的本体映射方法通过比较概念的扩展，即通过比较本体的实例发现异构本体之间的语义关联。参照 GLUE 的思想（Doan *et al.*, 2003），通过本体之间 1 : 1 的映射关系计算相似度，计算是基于概念之间的联合概率分布，使用概率分布来计算概念之间的相似度。其中概念 A 和概念 B 的联合概率分布包括：$P(A,B)$、$P(\bar{A},B)$、$P(A,\bar{B})$、$P(\bar{A},\bar{B})$。以 $P(\bar{A},B)$ 为例，它代表从所有实例随机选择实例属于 B 但不属于 A 的概率。在这项研究中，计算实例相似度的方法是使用地表覆盖样本点，计算上述 A 和 B 之间的联合概率的概念，然后根据以下公式计算相似度：

$$\mathrm{sim_{cp}}(A,B) = \frac{P(A \cap B)}{P(A \cup B)} = \frac{P(A,B)}{P(A,B) + P(A,\bar{B}) + P(\bar{A},B)} \tag{5.8}$$

$\mathrm{sim_{cp}}(A,B)$ 代表基于实例的映射相似度。例如，为了得到 NLCD 2011 中落叶林（以 A 为代表）和 GlobeLand30 中阔叶林（以 B 为代表）两种异构本体概念之间的映射关系，需要选择一定数量的样本点进行实例相似度计算。$P(A,\bar{B})$ 则代表采样点属于 NLCD 2011 的落叶林但不属于 GlobeLand30 阔叶林的概率，$P(\bar{A},B)$ 则代表采样点不属于 NLCD 2011 的落叶林但属于 GlobeLand30 阔叶林的概率。概念 A 和 B 的实例相似度可以根据公式计算。当 A 和 B 完全不相关时，相似性为 0。当 A 和 B 是等价概念时，相似度为 1。基于实例的相似度更倾向于真实数据反馈的相似度结果，对比于概念相似度考虑语义与属性的结果，它从产品本身直接考察数据之间的相似程度，但由于实例相似度计算的结果是通过人工进行验证，且验证点的选取、人工解译的误差等都会影响后续的整合结果。

4. 相似度综合

对于每一对需要映射的概念，每次相似度计算的结果（包括概念、属性和实例）都会被累积。为了强调可靠相似度，减少不可靠相似度的影响，采用加权和方法，得到综合语义相似度为

$$\mathrm{sim}(A,B) = \omega_c \times \mathrm{sim_c}(A,B) + \omega_p \times \mathrm{sim_p}(A,B) + \varpi_{cp} \times \mathrm{sim_{cp}}(A,B) \tag{5.9}$$

式中，$\omega_c + \omega_p + \varpi_{cp} = 1$。权值一般由相关专家确定。

综合概念相似度包括概念、属性和实例的相似度计算，计算的结果是一个矩阵，矩阵中的每个值代表异构本体间每对概念的综合概念相似度值。以 NLCD 2011 和 FROM-GLC-Seg 为源数据，GlobeLand30 为目标数据，下表只列出了数据源和目标数据中与森林相关的类型，结果如表 5.1 所示。

表 5.1　相似度矩阵

产品名称	GlobeLand30 图例 源图例	21 阔叶林	23 针叶林	25 混交林
NLCD 2011	落叶林	S_{11}^N	S_{12}^N	S_{13}^N
	常绿林	S_{21}^N	S_{22}^N	S_{23}^N
	混交林	S_{31}^N	S_{32}^N	S_{33}^N
FROM-GLC-Seg	阔叶林	S_{11}^F	S_{12}^F	S_{13}^F
	针叶林	S_{21}^F	S_{22}^F	S_{23}^F
	混交林	S_{31}^F	S_{32}^F	S_{33}^F

5.3　地表覆盖产品数据层整合

5.3.1　地表覆盖产品的数据层整合

数据层整合主要是从数据层面进行考虑的。数据层整合重点是考虑地表覆盖产品本身的精度，如全局精度、局部精度等。在考虑地表覆盖产品本身的精度时，要选择合适的参数代入整合模型进行计算。张小红（2018）利用产品本身的全局精度作为整合模型的一个参数，最终得到的整合结果要比没有考虑产品精度的分类精度更高。Zhu 等（2021）利用产品本身的局部精度作为整合模型的一个参数，对比考虑产品全局精度的地表覆盖产品，最终分类结果的精度要更高。因此，本书选取局部精度作为数据层整合的参数。地表覆盖产品的全局精度可以通过验证点进行解译，用混淆矩阵表示产品的精度，局部精度的生成则需要通过地统计学方法来获取源数据的局部精度。地统计学以区域变化量为基础，通过一些指定的变异函数，研究具有空间相关性的自然现象的一门自然学科（刘亚静，2014；周健民和沈仁芳，2013）。

地统计学的常用方法是克里金插值法。克里金插值法是以变异函数理论和结构分析为基础，在有限区域内对区域化变量进行无偏最优估计的一种方法（郭汝梦，2014）。该方法可以保证通过已知点的信息去推算未知点的信息，未知点的信息与客观实际值之间偏差最小。对于地表覆盖产品局部精度的计算，克里金插值法则是指定一定量符合地表覆盖数据密度的、正确的、分布均匀的验证点，通过设置插值字段、插值半径、变异函数等参数，应用相应的插值工具或者开源代码等获取验证点周围的分类信息，以此来模拟地表覆盖产品的空间对应关系。例如，Tsendbazar 等（2015a）通过运用地统计学方法，利用 5 种不同的插值方法获得非洲的地表覆盖数据，并比较了 5 种插值方法的优劣程度。

5.3.2　利用地统计学方法获取源数据的局部精度

分类误差在地图上的分布并不均匀，但是要描述地表覆盖产品的空间变异性，需要大量具有良好地理分布的统计样本点。随着 Geo-Wiki、flickr 照片共享和其他基于志愿者的众源参考数据，参考样本站点的数量大幅增加，可以重用参考数据集获得地表覆盖地图精度的空间变异性。

数据层整合重点就是计算产品的局部精度，因为在以往的文献中（Xu et al.，2014；Tsendbazar et al.，2015a，2016）已经证明了局部精度对于产品精度的描述要优于整体精度对于产品可靠性的描述。为了分析和比较地表覆盖产品的空间对应关系，需要整合现有的参考数据集，通过参考数据集生成对应的地表覆盖产品局部精度概率图。分析地表覆盖产品精度的局部变化有助于获得地图各个像素点类型的精度，这对于提高地表覆盖产品的分类精度是很有价值的。

为了评估局部精度，要分析地表覆盖产品和参考数据集的空间对应关系。参考数据集的选取要符合空间分析的要求。例如，在保证参考数据集来源真实可靠的情况下，参考数据集的数量尽量也要占地表覆盖产品总像素点的 1.0%~10.0% 以内，参考数据集的分布在地图上要尽量均匀，每个类型样本点的数量也要根据地表覆盖产品的真实像素数量的比例进行选取，不能出现某个类型的样本点的数量过大或过小的情况。本书通过指示代码对源数据与参考数据集的空间对应关系进行编码。如果参考样本点的森林类与源数据的森林类匹配，则将指示代码 1 分配给样本点。否则，将分配样本点指示代码为 0。接下来，对编码数据使用半变异函数分析指示编码数据的空间自相关性。本书选择较为通用的球面函数作为半变异函数进行分析，搜索半径设置为 5，搜索半径的值可根据样本点的数量以及数据源的大小自行进行设置。本书通过 ArcMap 地统计分析工具来模拟地表覆盖产品的空间对应关系，克里金插值的具体原理和相关参数的定义和设置可参考 ArcGIS 帮助文档和相关文献（Burrough，1986；Royle et al.，1981；Oliver and Webster，1990；Mcbratney and Webster，2006；Heine，1986；Birchenhall，1994）。克里金插值方法具体的参数如图 5.7 所示：

克里金插值方法被用来为实验区的每个源数据创建一个相应的局部精度图。由于本书插值字段选取的数据只有二进制数据 0 和 1，因此最终的插值结果为 0 到 1 之间的数字。局部精度结果数值描述了地表覆盖产品的局部对应关系，表示特定图像的局部概率。概率越大，表明该点的精度越高，分类结果越准确。

5.3.3　模式层与数据层结合的整合模型

在本研究中，地表覆盖数据并没有从其初始格式转化为可操作的数据信息，如 RDFs 的模型，基于本体的融合仅在上述模式层进行语义的整合。最终的地表覆盖产品集成模型考虑了不同本地本体之间模式层的相似性和各个源产品局部精度的数据层的相似性，并将两者结合通过一定的整合模型得到整合结果。下面列出了两种结合模式层和数据层综合的整合模型，最终通过选择一定量的实验数据和参考样本点来验证模型的准确性和可靠性。

1. 整合模型一

整合模型一主要考虑了两个因素：综合概念相似度和局部精度。模型为

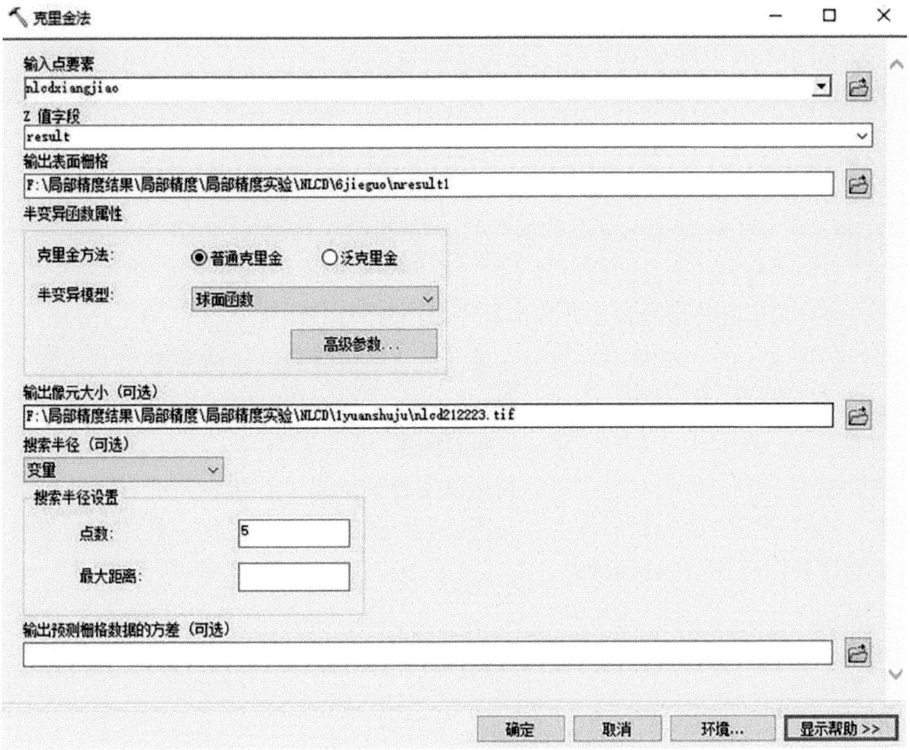

图 5.7 　克里金插值参数设置

$$g_y(x) = \sum_{k=1}^{2} \mathrm{sim}_k(A_k(x), B(y)) \cdot U(C_k(x)) \tag{5.10}$$

式中，$g_y(x)$ 为像素点 x 属于 y 类的可能性；$y \in (n_1, n_2, n_3)$，n_1 代表阔叶林，n_2 代表针叶林，n_3 代表混交林；$k = 1$，2，分别为 NLCD 2011 和 FROM-GLC-Seg 源数据产品；$\mathrm{sim}_k(A_k(x), B(y))$ 为 A 地表覆盖产品代表的类 x 与 B 地表覆盖产品代表的类 y 的综合概念相似度值；$U(C_k(x))$ 为各地表覆盖产品局部精度，产品自身像素点精度越高，整合中确定类型时所占的权重越大。为了描述像素 x 属于目标图例的概率，取 $g_y(x)$ 的最大值时 x 属于的 y 类为最终的类，得

$$G(x) = \arg\max_{y \in \Omega} g_y(x) \tag{5.11}$$

整合模型一考虑了各个源数据对最终分类结果的影响。将各个源数据的精度相加，最后比较目标图例中各类型的概率大小以此确定最终的分类结果，这是一种模糊理论的方法。

2. 整合模型二

整合模型一如式（5.11）所示，它将多个源数据的结果进行汇总求和再取最大值。这样一来，源产品的综合概念相似性或局部精度的影响就被稀释了。为了突出每个源产品与目标产品的综合概念相似性和源产品本身的局部精度，整合模型二没有采用求和的形式，而是取最大值。

以表 5.1 为例，综合概念相似度矩阵在这里表示为矩阵 $\boldsymbol{M}$。对于目标 GlobeLand30 地表覆盖产品覆盖图中的一个像素 x，如果在 NLCD 2011 和 FROM-GLC-Seg 中的类别分别对应为落叶林和阔叶林，则 NLCD 2011 最大值的取值在 S_{11}^{N}，S_{12}^{N}，S_{13}^{N} 之间进行取值，同理 FROM-GLC-Seg 的最大值取值在 S_{11}^{F}，S_{12}^{F}，S_{13}^{F} 之间进行取值，公式如下所示：

$$\text{sim}_k^{\max}(x) = \max(\text{sim}_k(A_k(x), B(y))) \tag{5.12}$$

式中，$y \in (n_1, n_2, n_3)$，n_1 代表阔叶林，n_2 代表针叶林，n_3 代表混交林。$k = 1$，2，分别代表 NLCD 2011 和 FROM-GLC-Seg 源数据产品；$\text{sim}_k(A_k(x), B(y))$ 是像素 x 在某个地表覆盖产品中代表的类与目标产品图层中类 y 的综合概念相似度；$\text{sim}_k^{\max}(x)$ 代表最大值的结果。此步骤可以获得每个源数据与目标数据的最大相似性。接着 $\text{sim}_k^{\max}(x)$ 用公式（5.12）乘以产品 k 对应的像素 x 的局部精度，通过取最大值获得最终的融合结果为

$$G(x) = \max(\text{sim}_k^{\max}(x) \cdot U(C_k(x))) \tag{5.13}$$

式中，$U(C_k(x))$ 表示产品 k 的像素 x 的局部精度。

在整合模型二中，首先对综合概念相似度本身的结果进行比较，然后将比较结果乘以局部精度，使综合相似度和局部精度对最终整合结果的影响最大化。具体的效果将在下一节通过实验比较两种模型的有效性。

5.4　本体映射与局部精度结果

5.4.1　数据

1. 源数据

本研究以 NLCD 2011 和 FROM-GLC-Seg 为源数据，以 GlobeLand30（2010 年）为目标数据进行整合，将 GlobeLand30 森林一级类分为针叶林、阔叶林和混交林。以美国大陆地区作为研究区域，数据源为 2010 年附近的地表覆盖产品，以减少因时间差异造成的地表覆盖产品差异。

GlobeLand30 是包括森林、草原、灌木地等 10 大一级类的全球地表覆盖产品。来自 10 多个国家的第三方研究人员通过基于样本的验证及与现有数据的比较，确定该产品的平均准确率达到了 80.0%（陈军等，2017），产品的二级分类还在开发中。在 GlobeLand30 中，森林覆盖率超过 30% 的地区被定义为森林类型。研究区森林区域见图 5.8（a）。根据 GlobeLand30 的森林分布情况和森林分类的基本定义，二级类分为阔叶林、针叶林、混交林。具体定义可参考相关文献（Zhu et al., 2021；张小红，2018）。

NLCD 2011 是一款分辨率为 30m 的全国地表覆盖产品。主要由美国地质调查局（USGS）开发，先后推出了 1992 年、2001 年、2006 年、2011 年和 2016 年共 5 期产品（Yang et al., 2018）。NLCD 2011 的分类系统有 8 个一级类和 16 个二级（不包括阿拉斯加的其他 4 个等级）（Homer et al., 2015）。其中一级类中的森林类型是根据叶物候将森林分类为常绿、落叶和混交林，具体定义参考相关文献（Zhu et al., 2021；张小红，2018）。研究区分布如图 5.8（b）所示。Wickham 等（2010）的主题精度评价表明，落叶林、常

绿林和混交林的用户精度分别为 76.0%、76.0% 和 29.0%。

　　FROM-GLC-Seg 是一款分辨率为 30m 的全球地表覆盖产品。FROM-GLC 是通过自动监督分类方法获得的 30m 分辨率的地表覆盖产品，准确率较低。随后，研究人员对分类算法进行了改进，生成了 FROM-GLC 的升级产品 FROM-GLC-Seg，升级后的产品整体准确率提高到 67.1%。FROM-GLC-Seg 的图层系统与 GlobeLand30 类似，有 10 个一级类和 27 个二级类。森林二级类按叶型分为阔叶林、针叶林和混交林。森林区域分布如图 5.8（c）所示。具体定义参考相关文献（Zhu *et al.*, 2021；张小红，2018）。

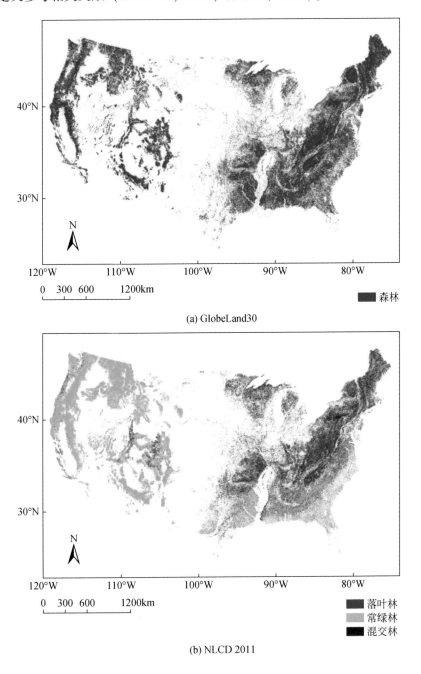

(a) GlobeLand30

(b) NLCD 2011

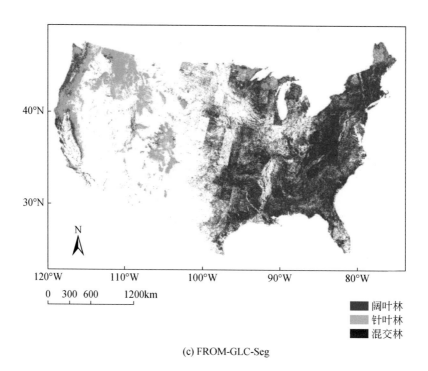

(c) FROM-GLC-Seg

图 5.8　地表覆盖产品森林分布图

　　虽然 GlobeLand30、NLCD 2011 和 FROM-GLC-Seg 的森林类型存在二级类，但是二级森林分类的名称和语义是不同的。NLCD 2011 根据叶物候将森林类分为落叶林、常绿林和混交林。FROM-GLC-Seg 根据叶型将森林类分为阔叶林、针叶林和混交林。GlobeLand30 是在两者的基础上，对森林的分布和定义进行分析，将森林类分为阔叶林、针叶林和混交林。

　　本书所采用的试验区为美国全国范围内的森林地块。该实验区的森林分布如下所述：西部的落基山脉到太平洋海岸以针叶林为主，南大西洋和海湾沿岸以松树为主，密西西比河的东部地区以阔叶林为主（Goergen，2007；李卫东，2006）。

2. 参考数据集

　　为了评估源产品的局部精度，需要大量均匀分布的地面验证点。此外，整合结果的精度评定也需要通过地面验证点的方式进行评估。因此，本书采用了 Zhu 等（2021）提供的地表覆盖验证点。其中一部分验证点来自于地表覆盖精度验证的在线开放访问门户，另一部分来自人工解译的样本点，总计 2984 个。如图 5.9 所示，（a）为按照来源进行分类的样本点，（b）为按照类型进行分类的样本点。由于这些样本点是由阔叶林、针叶林、混交林组成，与 NLCD 2011 的森林类型不符。因此为了评价 NLCD 2011 的局部精度，利用谷歌地球（Google Earth）对这些样本点进行人工解译（图 5.10），判断在该地表覆盖产品中各个样本点的森林类型，其中落叶林 828 个、常绿林 1825 个、混交林 331 个。为了验证地表覆盖产品整合的分类精度，这些样本点按照克里金插值方法的对插值点的要求被分为

两部分，3/4 的样本点被用于评估产品的局部精度，1/4 的样本点被用于评价地表覆盖产
品整合的分类精度。

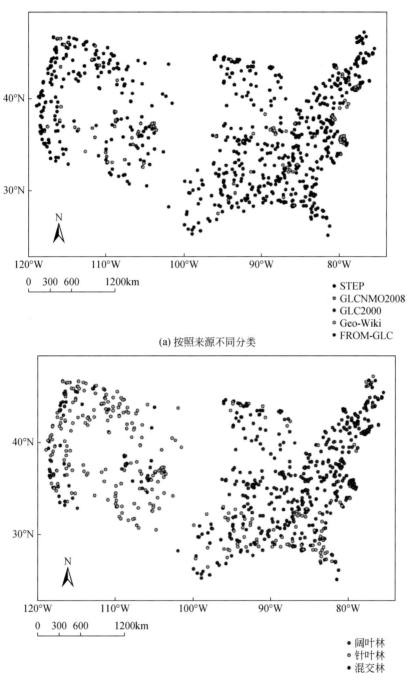

(a) 按照来源不同分类

(b) 按照类型不同分类

图 5.9　不同来源的验证点

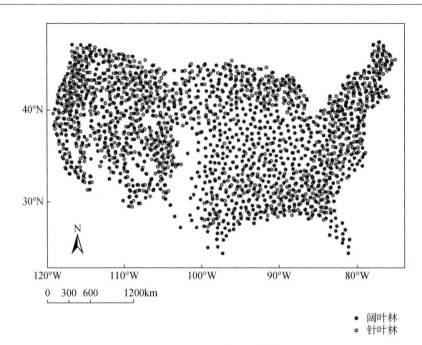

图 5.10　人工解译的样本点

由于用于评价源产品局部精度的验证点数量有限，无法满足 30m 分辨率地表覆盖产品的密度要求。为了更加合理的评价地表覆盖产品的局部精度，本书对所有地表覆盖产品的分辨率重采样，得到 3 个 300m 分辨率的地表覆盖产品，利用重采样后的数据进行分析。

5.4.2　本体映射结果

1. 基于语义的相似度计算结果

本书采用的语义内容包括森林类型下二级分类：阔叶林、针叶林、阔叶针叶混交林、落叶林、常绿林、落叶常绿混交林 6 类。将以上二级分类采用的概念对通过应用语义辞典 WordNet 进行翻译，获得该领域的每个概念的具体语义，并通过分词、提取词干（何娟等，2006；李荣等，2011）等操作获得具体的单词集合。表 5.2 为提取词干之后获得的单词集合，表 5.3 按照语义相似度和词法相似度加权之后获得概念名称的结果。

表 5.2　二级分类单词集合

类别名称	定义	提取词干						
broadleaf	having relatively broad rather than needlelike or scalelike leaves	width(broad) (01)	leaf (01)	forest (01)				
coniferous	of or relating to or part of trees or shrubs bearing cones and evergreen leaves	part (01)	tree (01)	shrub (01)	cone (03)	evergreen (01)	leaf (01)	forest (01)

续表

类别名称	定义	提取词干					
deciduous	shedding foliage at the end of the growing season	shedding (02)	foliage (01)	end (02)	growing (01)	season (02)	forest (01)
evergreen (01)	a plant having foliage that persists and remains green throughout the year	plant (02)	foliage (01)	green (01)	year (01)	forest (01)	
mixed	Composition of mixed tree species	blend(mixed) (01)	tree (01)	forest (01)			

表 5.2 中（01）、（02）代表在该单词在 WordNet 中的含义解释顺序，因为一个单词可能有多个含义，WordNet 在对单词进行含义解释的时候对每个含义进行了排序，不同的排序代表不同的含义，含义不同的单词在 WordNet 中的层次关系就会发生变化。因此本书在进行语义相似度计算的时候，将此参数也加入计算过程中，使得计算结果更加准确。

表 5.3　基于语义和词法相似度的综合结果

产品名称	目标图例 / 源图例	阔叶林			针叶林			混交林		
		语义	词法	加权	语义	词法	加权	语义	词法	加权
NLCD 2011	落叶林	0.545	0.500	0.523	0.570	0.647	0.609	0.570	0.412	0.491
	常绿林	0.680	0.471	0.576	0.722	0.471	0.597	0.762	0.324	0.543
	混交林	0.540	0.313	0.427	0.576	0.344	0.460	0.657	0.471	0.564
FROM-GLC-Seg	阔叶林	1.000	1.000	1.000	0.788	0.412	0.600	1.000	0.500	0.750
	针叶林	0.655	0.412	0.534	1.000	1.000	1.000	1.000	0.500	0.750
	混交林	0.685	0.500	0.593	0.867	0.500	0.684	1.000	1.000	1.000

表 5.3 为基于语义和词汇综合的概念名称相似度矩阵。在语义方面，目标图层的混交林与各个产品的森林类型的相似度要比阔叶林和针叶林与各个产品的森林类型的相似度更大或者相似。究其原因，可能是因为实验所用类型都是属于同一森林类型下的子类，各个类型之间互相混淆，难以进行细致的区分。以 NLCD 2011 为例，按照式（5.2）进行计算，选取 B 集合中每个元素与 A 集合相似度最大的相似度进行加和在平均计算的时候，因为混交林全称为落叶常绿混交，它的单词集合囊括了落叶林和常绿林的单词集合，导致混交林的语义相似度计算结果很大程度上受到落叶林和常绿林的语义相似度的影响。所以混交林的相似度总是与落叶林和目标图层的相似度或者针叶林和目标图层相似度较大的结果相似或者更大，使得混交林的结果并不精确。

2. 基于属性的相似度计算结果

本研究的森林类型主要是以数据属性为主，包括树冠覆盖率、树种所占比例、树高、森林覆盖率、叶型、叶子持续性、是否混交等 7 个类型。将以上 7 个类型进行属性名称的语义相似度计算，计算过程按照式（5.1）、式（5.2）进行计算，获得属性名称的语义相似度矩阵。属性类型又分为字符类型、区间类型和布尔类型 3 种。其中，字符类型的有叶型、叶子持续性；区间类型的有树冠覆盖率、树种所占比例、树高、森林覆盖率；布尔类型为是否混交。属性类型的计算按照式（5.4）～式（5.6）进行计算，获得属性类型相似度矩阵。将属性名称相似度和属性类型相似度按照式（5.7）进行加权计算，最后获得属性相似度的相似度矩阵，如表 5.4 所示。

表 5.4　基于属性的相似度计算结果

产品名称	目标图例／源图例	阔叶林	针叶林	混交林
NLCD 2011	落叶林	0.713	0.717	0.634
	常绿林	0.729	0.734	0.655
	混交林	0.635	0.640	0.791
FROM-GLC-seg	阔叶林	0.892	0.866	0.809
	针叶林	0.858	0.892	0.809
	混交林	0.783	0.802	0.975

由表 5.4 可以看出，属性相似度的计算结果各个类型之间并没有明显的区分，这是因为选择的森林类型的例子更具挑战性。几种森林类型的二级分类的数据属性几乎相似。所以在利用数据属性进行相似度计算时，其数据属性并没有太大的区分。例如，出现了 NLCD 2011 的落叶林与目标图例阔叶林重叠性几乎等于落叶林与目标图例针叶林的重叠度。但模式层面的语义整合本书采用的是混合方法，整合的时候还考虑了实例相似度，结合最后的判别函数综合考虑来进行像素类型的归类。这也验证了上文我们采用混合方法计算相似度的合理性，避免只采用一种相似度计算方法导致结果出现误差的现象。

3. 基于实例的相似度计算结果

基于实例的相似度计算是通过验证点与源数据进行精度验证，通过式（5.8）判断源数据的森林类型属于目标图层的哪个类型，其结果如表 5.5 所示。

表 5.5　基于实例的相似度计算结果

产品名称	目标图例／源图例	阔叶林	针叶林	混交林
NLCD 2011	落叶林	0.737	0.107	0.082
	常绿林	0.450	0.390	0.096
	混交林	0.455	0.140	0.300
FROM-GLC-seg	阔叶林	0.639	0.077	0.060
	针叶林	0.215	0.597	0.010
	混交林	0.297	0.154	0.505

　　表 5.5 为基于实例的相似度计算结果。与基于概念和属性的相似度计算结果不同，基于实例的相似度结果各个森林类之间的区别十分明显，例如对于地表覆盖数据产品 NLCD 2011 来说，落叶林与目标图层阔叶林的相似度要远大于落叶林与目标图层针叶林的相似度。可见从数据本身考虑，计算地表覆盖产品之间的相似度是十分有必要的。但这种方法并不是万无一失的，在进行计算的过程中也会出现各种偏差，因此计算地表覆盖产品的相似度的时候，综合考虑语义、属性和实例这 3 个因素以减少单一计算过程出现的偏差。

5.4.3　模式层计算结果

　　将上述获得的语义相似度矩阵、属性相似度矩阵、实例相似度矩阵代入式（5.9）进行加权计算获得最终的综合概念相似度矩阵，其结果如表 5.6 所示：

表 5.6　综合概念相似度计算结果

产品名称	目标图例 / 源图例	阔叶林	针叶林	混交林
NLCD 2011	落叶林	0.657	0.478	0.402
	常绿林	0.585	0.573	0.1
	混交林	0.506	0.413	0.552
FROM-GLC-seg	阔叶林	0.844	0.514	0.540
	针叶林	0.535	0.830	0.523
	混交林	0.558	0.547	0.827

　　混交林类别被定义为阔叶林和针叶林或落叶林和常绿林的混合物。这种双重定义很难完全捕捉到混交林类别的语义，无法进行精确的定义，造成分类体系出现一些混淆。从最终的结果可以看出，通过概念、属性和实例相似度的综合计算，减少了其他森林类型对混交林的干扰，这对像素类型的最终分类是十分有帮助的。另外，从表 5.6 可以看出，NLCD 2011 的地表覆盖产品中的常绿林与目标数据图层的针叶林相似度为 0.573，常绿林与目标数据图层的阔叶林相似度为 0.585，前者的重叠度要略低于后者。究其原因，可能与森林类型的分类有关。阔叶林从叶型的角度可分两种：常绿阔叶林和落叶阔叶林，常绿林从叶物候的角度分为常绿阔叶林、常绿针叶林、常绿硬叶林 3 种。从美国气候分布类型图（http://www.360doc.com/content/20/0326/09/53981354_901742519.shtml）可以看出，常绿阔叶林主要分布在美国东南部分的大部分区域。而落叶阔叶林主要分布在美国东北部分的大部分区域。在进行森林类型归类的时候，常绿阔叶林在阔叶林的分类体系中可能被分类为阔叶林，在常绿林的分类体系中可能被分类为常绿林。这些分类体系之间的差异和美国地区的真实森林分布导致最终的结果分类中出现了常绿林可能属于阔叶或者针叶的现象。由美国的气候分布图可以看出，在常绿林中被认为是阔叶林的区域占比还是比较大的，使得常绿林多被分为阔叶林而不是针叶林，最终出现了常绿林与目标图例针叶林重叠

性略低于常绿林与目标图例阔叶林的重叠度的现象。而对于 FROM-GLC-Seg 数据源来说，由于分类体系与目标数据的分类体系基本一致，NLCD 2011 出现的问题在 FROM-GLC-Seg 上并没有发生。

5.4.4　局部精度计算结果

本书采用收集到的验证点和随机生成的验证点共计 2984 个，这些验证点的选取均符合克里金插值法对参考数据集的要求。对这 2984 个验证点，均匀选取其中 3/4 的验证点用于进行局部精度的计算，剩余 1/4 的验证点被用于精度验证。通过利用 ArcMap10.1 地理统计和空间分析工具用于生成每个源数据集的局部精度概率图。图 5.11（a）、（b）分别展示了 NLCD 2011 和 FROM-GLC-Seg 的局部精度概率图结果。局部精度的取值范围在 0 到 1 之间。其中颜色越绿则代表该点的概率越高。反之，颜色越红，则代表该点的概率越低。

在图 5.11（a）中，NLCD 2011 的局部精度结果显示空间对应关系较低的区域是比较分散的。这些区域主要包括得克萨斯州、亚拉巴马州、纽约州、密歇根州北部、明尼苏达州及加利福尼亚州西海岸等。可能的原因是这些地区生态系统的过渡带中存在着许多异质景观类型。由于光谱的相似性，森林的分类往往是不一致的。相反，图 5.11（b）中 FROM-GLC-Seg 显示了较高的空间对应关系。大多数区域的精确度是可以接受的。但也存在一些区域，如在佛罗里达州、北卡罗来纳州、堪萨斯州和弗吉尼亚州显示出较低的空间对应关系。FROM-GLC-Seg 和 NLCD 2011 在东南部的得克萨斯州、俄克拉荷马州、阿肯色州和密西西比州等地的概率分布相似，两个地表覆盖产品中的这些区域的空间对应性都比较差。因此这些区域应该是地图重点的改进区域。

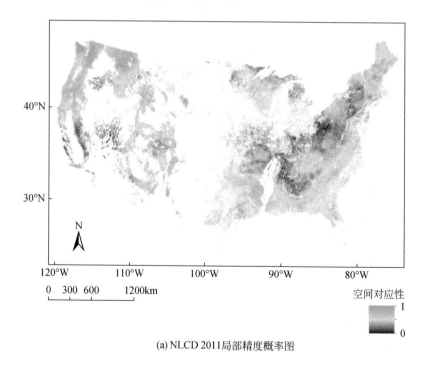

(a) NLCD 2011 局部精度概率图

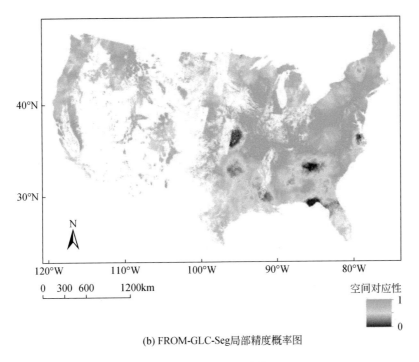

(b) FROM-GLC-Seg局部精度概率图

图 5.11　局部精度概率结果

5.5　整合结果与精度分析

5.5.1　整合结果

　　根据上述计算结果，从 NLCD 2011 和 FROM-GLC-Seg 中提取与 GlobeLand30 森林像素相对应的像素，然后将其代入整合模型一的式（5.10）和整合模型二的式（5.12），计算每个像素属于每个类别的概率。然后通过式（5.11）和式（5.13）分别比较概率的大小，确定每个像素的最终类别，得到两个地表覆盖产品整合结果。最后，GlobeLand30（2010年）中森林类型的二级类细化结果如图 5.12 和图 5.13 所示。

　　从图 5.12 和图 5.13 可以看出，阔叶林主要分布在美国东部大部分区域和西部的一些边缘区域。东部主要集中在宾夕法尼亚州、肯塔基州、亚拉巴马州等地区，以及东部沿岸地区的弗吉尼亚州、佐治亚州等地区。还有西部的一些沿海岸城市，如俄勒冈州、加利福尼亚州、亚利桑那州的一些沿海岸城市也分布着一些阔叶林。针叶林主要分布在美国西部区域及东北部的一些区域。西部区域包括沿海岸的华盛顿州、加利福尼亚州等区域，内陆区域包括爱达荷州、内华达州、亚利桑那州和科罗拉多州的东北部等区域。东北部的一些区域包括明尼苏达州的东北部区域、密歇根州的北部区域以及缅因州的大部分区域。混交林的分布比较少，零零星星的分布在一些沿海岸的地域。例如，西部加利福尼亚州的沿海

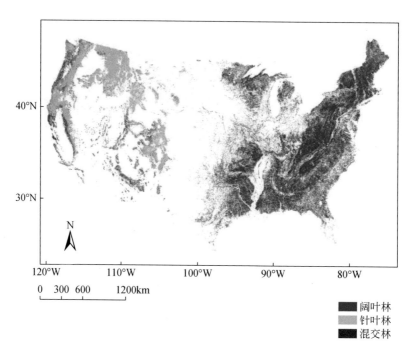

图 5.12　整合模型一 GlobeLand30 森林二级细化结果

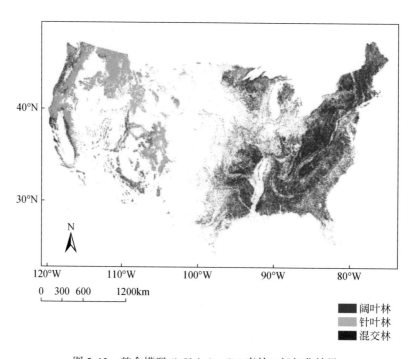

图 5.13　整合模型二 GlobeLand30 森林二级细化结果

岸地带，中北部的明尼苏达州和密歇根州的一部分区域，东北部缅因州的针叶林区域内也夹杂着一些混交林的存在。东南部的路易斯安那州、中南部的得克萨斯州、西南部的新墨西哥州也分布着一些混交林。

但两者的结果也存在这一些差异，主要反映在混交林的分布区域。相对于整合模型一的结果，整合模型二的混交林在原有的基础上新增添了一些区域。例如在佛罗里达州的西部区域和北部区域，相比较于模型一的结果有一些新增的混交林。另外在阿肯色州、俄克拉荷马州也分布着一些混交林，对比于模型一结果的零星分布不同，模型二的混交林分布更加的密集一些，分布的区域也与验证点的混交林分布区域比较类似。

5.5.2　精度分析

本书采用混淆矩阵评定地表覆盖产品分类结果的精度。采用上述搜集的 1/4 的验证点进行精度评定，计算混淆矩阵的各项精度指标。计算结果汇总在表 5.7、表 5.8 中。其中，表 5.7 为通过整合模型一获得的分类结果进行精度验证的结果，表 5.8 为通过整合模型二获得的分类结果进行精度验证的结果。

表 5.7　利用整合模型一的森林二级细化结果精度评估矩阵

细化地图	总体分类精度	用户精度	错分误差	漏分误差	制图精度
阔叶林	—	0.826	0.174	0.160	0.840
针叶林	—	0.720	0.280	0.098	0.902
混交林	—	0.483	0.517	0.216	0.784
总计	0.753	—	—	—	—

表 5.8　利用整合模型二的森林二级细化结果精度评估矩阵

细化地图	总体分类精度	用户精度	错分误差	漏分误差	制图精度
阔叶林	—	0.826	0.174	0.148	0.852
针叶林	—	0.720	0.280	0.084	0.916
混交林	—	0.600	0.400	0.122	0.878
总计	0.763	—	—	—	—

由表 5.7 可以看出，GlobeLand30 阔叶林的用户精度为 82.6%，针叶林的用户精度为 72.0%，混交林的用户精度为 48.3%，总体精度为 75.3%。对比文献（Zhu *et al*.，2021），阔叶林的用户精度提升了 2.7%，针叶林的用户精度提升了 2.1%，总体精度上升了 1.3%，但是混交林的用户精度下降了 11%。对比文献（张小红，2018），阔叶林的用户精度提升了 2.6%，针叶林的用户精度提升了 10.0%，总体精度上升了 7.3%，但是混交林的用户精度也下降了 3.7%。究其原因，一方面可能是因为混交林的语义概念的定义比较模糊，不容易通过本体进行精确的定义，导致后续的精度判定出现一定的误差；另一方面，由于混交林采集样本点的时候比较困难，样本点的数目较少。而且地表覆盖产品混

交林本身的像素总数相对较少，精度验证的时候少许的误差结果就会出现较大的差异，进而影响最终结果的精度判定。

由表 5.8 可以看出，GlobeLand30 阔叶林的用户精度为 82.6%，针叶林的用户精度为 72.0%，混交林的用户精度为 60.0%，总体精度为 76.3%。对比模型一结果的阔叶林和针叶林的精度没有什么变化，仅仅在制图精度上有所提高，分别提高了 1.2% 和 1.4%。但混交林的精度提高了 11.7%，对比文献（Zhu et al.，2021），混交林的精度也提高了 0.7%。对比文献（张小红，2018），混交林的精度更是提升了 8.0%。对比整合模型一的结果，整合结果的总体精度提高了 1.0%。另外对比整合结果的像素个数也可以看出一些差异，整合模型一结果的阔叶林、针叶林、混交林的个数分别为 18848060 个、4657822 个、125362 个，整合模型二结果的阔叶林、针叶林、混交林的个数分别为 18825065 个、4654899 个、151280 个。可以看出，阔叶林、针叶林的像素个数基本没有什么变化，但混交林的像素个数提高了 20.7%，这也印证了两个整合结果的分布情况及它们之间的精度验证结果差异。可见本书对于整合模型的改进还是十分有效的。

5.5.3　讨论

本研究选择森林类别融合为例，这是一个非常具有挑战性的研究。混交林是森林类型语义上的一种特殊类型。例如，作为地表覆盖精度评估收集样本数据时，参考像素的区域虽然被标记为"混交林"，但该点的像素在具体的实地分析发现该区域与"针叶林"或者"阔叶林"也是非常相似的，因此即使数据集将该对象分类为"针叶林"或者"阔叶林"，它也几乎是正确的。直观上，"混交林"更像"针叶林"或者"阔叶林"，而不是"不透水表面"。因此这种森林类型可能更难区分，进而导致一些分类混乱。当两个类别的语义重叠过多时，会导致生成的地图产品出现不可接受的错误率。如果整合任务是其他类型，语义重叠的情况较少，语义分析的结果可能会比本研究的研究内容简单，如草地与森林的分类，语义重叠性较小，分类就相对比较简单一些。

利用整合模型一，对比 Zhu 等（2021）与张小红（2018）的文献。同样利用 EAGLE 矩阵进行语义的转换，Zhu 等（2021）主要通过条形码编码方式进行语义翻译，之后进行数据源语义之间的转换。本书主要是通过构建本体的方式，将 EAGLE 矩阵作为一个共享词汇表，将语义信息通过共享的词汇表进行语义转换，最终的整合结果阔叶林、针叶林和整体精度都获得了不同程度的提升，可见利用本体描述语义信息的能力要比其他编码方式，如条形码编码等方式的效果要更好，对于最终的整合分类结果是十分有利的。张小红（2018）整合模型的改动范围较大，不仅将通过 EAGLE 矩阵编码进行语义翻译的方式变为利用本体描述语义信息，而且将源产品的整体精度替换为局部精度进行计算，并且取得了较好的分类结果，对比两个文献的整合模型可以看出，局部精度对于产品精度的描述要远高于整体精度对于产品精度的描述。

利用整合模型二，在不损失阔叶林和针叶林精度的情况下，混交林的精度得到了很大提高。虽然混交林的数量增加了 20.7%，但阔叶林和针叶林向混交林的转化仅占阔叶林和针叶林的万分之几，这种几乎可忽略不计的像素点个数变化对最终的精度验证影响不大。因此当阔叶林和针叶林的像素数几乎没有什么变化的时候，精度验证的结果变化也不大。混合森林的精度提高了很多，这可能是因为虽然两个整合模型最终相乘的局部精度相同，但是集成模型二通过综合概念相似度来判断最终结果比模型一更有效，减少了一些像素的错误分类。

可以选取具体的像素点进行举例，如选取某个 GlobeLand30 森林像素对应的 NLCD 2011、FROM-GLC-Seg 像素。选取的像素点在 NLCD 2011 中是混交林，该点对应的局部精度为 0.793。在 FROM-GLC-Seg 是阔叶林，该点对应的局部精度为 0.496。根据整合模型一的计算，该像素计算结果属于阔叶林的概率为 $0.506 \times 0.793 + 0.844 \times 0.496 = 0.820$，计算结果属于针叶林的概率为 $0.413 \times 0.793 + 0.514 \times 0.496 = 0.582$，计算结果属于混交林的概率为 $0.552 \times 0.793 + 0.540 \times 0.496 = 0.706$。利用整合模型一，取 0.820、0.582、0.706 这 3 个数中的最大值即为该像素最终所属目标的分类，即该像素属于阔叶林。而利用整合模型二，先取出两个像素在表中属于目标类概率最大的结果。对于数据 NLCD 2011 来说，该像素属于混交林的概率最大为 0.552，对于数据 FROM-GLC-Seg 来说，该像素属于阔叶林的概率最大为 0.844，将两个值代入整合模型二，NLCD 2011 中该像素属于混交林的概率为 $0.552 \times 0.793 = 0.438$，FROM-GLC-Seg 中该像素属于阔叶林林的概率为 $0.844 \times 496 = 0.419$，最终的判定结果为该像素点属于混交林。从这两个结果也可以看出来，两个整合模型中，整合模型一像素点的判定是通过计算各个产品在相同位置得像素点的综合概念相似度与对应的局部精度进行相乘在相加，最后通过对比 3 种类型的最大值来确定最后的像素点类型。但这种模型却削弱了综合概念相似度的计算结果在整合模型中的作用，最终的结果也会因为综合概念相似度与局部精度的相乘而影响自身对像素点类型的判定。但在整合模型二中先对综合相似度本身的结果进行一个比对，接着将比对的结果再与局部精度相乘，这样二者对像素点类型的判定效果可以最大化地发挥出来。这也验证了上文对于整合模型二在像素点类型的判定效果可以最大化发挥出来的猜想。

但由于混交林本身的特性，其定义和分类比较模糊。所以接下来对于混交林的一个精确的定义以及对于属性等的确认是下一步工作的一个重点。

5.6　结论与展望

本书通过利用本体对事物的描述能力，实现多个地表覆盖产品之间的知识共享。整合模型主要从模式层面和数据层面进行考虑，即源数据本体和目标本体之间的综合概念相似度、源数据的局部精度两个方面进行计算。模式层主要是关于本体的构建、本体间映射关系的确定。以混合本体方法为基础，将不同来源地表覆盖产品分类系统语义通过本体进行描述。以 EAGLE 矩阵元素作为共享词汇表，对每个数据源的定义概念和专业术语进行单独分析，将各个数据源的定义、概念、属性等拆分到共享词汇表上，用共享词汇表中的元素描述每个地表覆盖产品，然后按照本体的构建流程完成每个地表覆盖产品局部本体的构建。再后将多个局部本体中的概念通过共享词汇表进行连接和比较，通过本体映射算法获得本体间的映射关系。数据层主要是考虑了产品本身的精度，通过对采集的地面样本点进行分析和解译，利用地统计学克里金插值方法获得产品的局部精度。最后通过相应的整合模型将模式层的计算结果和数据层的计算结果结合起来，获得地表覆盖产品的整合结果。

本书为了验证上述理论的可行性和有效性，利用两个整合模型对美国的森林实验区进行了整合实验。最终将地表覆盖产品目标数据的森林类进行二级分类。整合主要从以下 4 个维度进行讨论：时间、分辨率、语义、精度进行考虑。其中时间、分辨率的问题由前人提供的方法，或者利用现有的技术得到解决。语义方面主要通过本体之间的映射关系解决。精度方面主要为通过源产品的局部精度得到解决。通过计算本体间映射关系，获得本体间的综合概念相似度。综合概念相似度的结果通过概念、属性、实例 3 个方面进行加权平均得到。局部精度则通过克里金插值方法获得最终的局部精度概率图。最终的整合模型则是通过对每个像素进行判别得到最终的森林二级细化图。对比前人的研究成果，本书中利用整合模型一，得到阔叶林的用户精度为 82.6%，针叶林的用户精度为 72.0%，混交林的用户精度为 48.3%，总体精度为 75.3%。整合模型二下，阔叶林的用户精度为 82.6%，针叶林的用户精度为 72.0%，混交林的用户精度为 60.0%，总体精度为 76.3%。整合模型二的结果对于地表覆盖产品的分类效果更加好，最终的分类结果基本实现了森林类二级细化，并使其精度得到了提高。

本研究的新意主要有：

（1）第一次使用基于本体的地表覆盖产品整合方法，通过利用 EAGLE 矩阵构建共享本体层。通过 EAGLE 矩阵建立共享词汇表，因为 EAGLE 矩阵独立于任何特定的地表覆盖分类。使得这些局部本体之间的映射定义变得更加容易，因为它们都遵循 EAGLE 元素来定义每个类别的定义和属性。以 EAGLE 矩阵为媒介，通过这样一个共同的接口和对地表覆盖类型有着相同或者相似的理解，后续可以更加方便的添加新的数据源并建立起新的映射关系，并且映射的类型也不仅限于森林类型，可以扩展到其他的地表覆盖类型中去，通过本体映射实现不同地表覆盖数据的整合。这种方法充分考虑了系统的开放性、动态性和互操作性。

（2）改进了最终的整合模型，结合改进过的整合模型对最终的目标数据进行森林类二级细化，使得最终的分类精度得到提高。由于整合模型一的设计是将多个源数据的结果进行汇总求和，源产品的综合概念相似性或局部准确性的影响就被稀释了。为了突出每个源产品与目标产品的语义相似性和源产品的局部准确性，整合模型二没有采用求和的形式，而是取最大值。二者对像素点类型的判定效果可以最大化地发挥出来。

利用美国的森林区域进行试验，虽然获得了森林的二级细化结果，但是也存在着一些不足。选取的数据源较少，满足分辨率为 300m 同时是 2010 年左右的数据源，而且数据源有二级类的划分，二级类的森林类要与目标图层相似或者相同的数据源比较少。其次，虽然阔叶林和针叶林的精度得到了提高，但是混交林的精度却提升较少。一方面是因为混交林的数量比较少，混交林的验证点也比较少，导致了结果可能会出现一定的偏差。另一方面，混交林的定义模糊，其各个数据源及 WordNet 等并不能给出一个精确的定义，属性方面也不能与其他类型区分开来，这些都会导致最终的精度判定产生一定的影响，使得混交林的精度降低。这也是接下来工作的一个重点。

后续的工作将对本体的构建进行进一步的优化，充分发挥本体的共享性，规范性等功能。通过本体自身的编码规则，将数据实例存储到 Jena 开源数据库中，利用 Java 等开发语言对 Jena 数据库进行一系列的自动化操作。同时依靠本体自身的推理功能自动完成数据的查询、整合等操作。

第6章 地表覆盖伪变化检测

遥感影像能够获取地球表面的瞬时情况，但同时也存在着"同物异谱"和"同谱异物"现象，因此分类和变化检测的结果中往往存在错分、漏分和伪变化的现象，导致分类和变化检测的精度有限。本章提出了一种基于生态地理分区知识库和众源数据挖掘的伪变化识别方法。伪变化的规则是根据专业解译工作者的经验知识和已有的地表覆盖产品的统计数据统计整理而来。基于众源地理数据和 HITS（Hyperlink-Induced Topic Search）思想的伪变化检测方法，需要将伪变化图斑以地图服务的形式在在线平台发布出去，然后收集众源用户对伪变化图斑的评价信息，最后利用 HITS 算法计算伪变化图斑的程度值。针对伪变化程度值较高的图斑，确定其是否应当去除。

实验区为老挝北部地区，以我国的 GF-1 WFV 图像为例，验证了该方法的有效性，统计消除伪变前后变化图斑的精度。结果表明，利用生态地理分区知识库和众源数据挖掘技术，变化检测的准确率提高了约 20%。

6.1 引　　言

地表覆盖具有特定的时间和空间属性，其形状和属性可以在各种时空尺度上发生变化（朱凌等，2020）。地表覆盖是随着遥感技术的发展而出现的一个概念，遥感是进行大规模地表覆盖制图的唯一有效手段（陈军等，2016）。地表覆盖类型会随时间而发生变化，主要因素是受自然和人类的影响。大陆漂移、冰川活动、洪水、海啸等自然因素，以及森林向农业用地转化、城市扩张、森林种植动态变化等人为因素，改变了地表覆盖类型。多时相遥感影像变化检测技术能够监测生态环境变化、跟踪城市发展，对于研究人类与自然环境之间的交互关系有着重要的意义（张良培和武辰，2017）。

遥感研究中常用的地表覆盖变化检测方法主要有两种，一种是分类后比较法，另一种是直接影像比较法（Chen et al.，2013；Hu et al.，2018）。

由于光谱混淆、图像分辨率的限制及土地特征复杂性等原因，遥感图像分类得到的地表覆盖产品不可避免地包含大量的错误分类或不确定像素（Li et al.，2015）。经典的监督分类和非监督分类方法都比较成熟，但准确率不高，约为 60%~70%（Giri，2012）。例如，GlobCover V2 产品的分类精度约为 67.5%，GLC2000 约为 68.6%，MODIS 地表覆盖产品约为 74.8%（Mora et al.，2014）。GlobeLand30 分类产品的总体准确率较高，达到 83.51%（Chen et al.，2015b），这可以归功于人工校正和专家知识的帮助。近年来人工智能方法发展迅速，如深度学习方法等，但仍处于研究阶段（刘天福等，2019）。分类后比较的变化检测方法是通过比较不同时期遥感影响分类得到的地表覆盖产品从而提取变化。但由于各期地表覆盖产品的精度有限，两期产品叠加得到的变化结果的精度往往较低，结果精度一般为两期地表覆盖产品精度的乘积。

另一种提取地表覆盖变化的方法是直接从不同时相图像的变化检测中提取变化。同一地区不同时期的遥感影像可以用来识别和确定地表变化的类型及其空间分布。这个过程就是遥感图像的变化检测技术。大部分的地表覆盖变化检测都是基于对图像的光谱、形状、纹理等特征因子的分析。变化信息提取的方法包括数学分析、特征空间变换、特征分类、特征聚类和神经网络（You et al., 2020）。然而，由于遥感图像只能反映地表的瞬时状态，因此存在许多误差和不确定性。变化检测的主要挑战是如何保留真实的变化，同时消除伪变化（Chen et al., 2013）。辐射比较法易受到干扰因素的影响，如大气条件、太阳角度和类间方差的差异（Radke et al., 2005）。即使在考虑的时间间隔内没有植被发生变化，由于物候等因素的影响不同时相图像中的植被目标的判别结果也往往是不同的（Wulder et al., 2008；Chen et al., 2012）。鉴于全球复杂多样的土地类型，"同物异谱""同谱异物"的现象大量存在，变化检测过程中不可避免地会出现伪变化。伪变化的主要原因如下：

（1）不同时相图像通常是在不同的大气条件下获取的，包括不同的太阳位置、太阳高度角和离最低点的距离，导致双时相图像中呈现的光照数值不同。Sood 等（2021）关注高山地区阴影引起的变化问题，研究表明由于存在崎岖地形、坡度变化和地形（阴影）影响会造成伪变化。采用基于拓扑控制的亚像素变化检测模型，减少了检测出的伪像素。此外，由于云层覆盖的原因，如薄云污染引起的图像亮度变化，同一位置两幅图像的表面反射率值可能会有很大差异。为了消除高分辨率影像变化检测城市中由于拍摄角度和日照条件引起的建筑物阴影产生的植被伪变化，Zhou 等（2014）采用一系列不同层次的空间分析，减少伪变化。空间分析主要采用自适应形态学进行。

（2）不同时相图像获取时地表干湿程度差异大，一期降水丰富，另一期降水稀少，导致土壤含水量差异大，河流湖泊界线位置发生明显变化。类似的例子也出现在其他土地类型上，包括枯萎前后的草地和水位变化的湿地。

（3）物候现象。例如，不同农业物候期农田的地面反射率值在收获前后是不同的；夏冬两季的地表景观不同；落叶林在不同季节会呈现不同的光谱特征；草地秋冬枯黄，春天变绿等。Lu 等（2016）利用陕西省不同年份的 3 月和 6 月陆地卫星图像进行变化检测，验证了减弱伪变化的方法。因为 3 月没有作物种植，而 6 月是生长高峰期，由于物候的影响，耕地光谱存在明显差异，因此在变化检测中会出现很多伪变化。

（4）病虫害影响。马尾松毛虫、松材线虫、飞蝗、松叶蜂和吉普赛蛾的病虫害都会引起光谱亮度和绿色度的相应变化（王蕾等，2008）。

（5）水体浑浊度。水体可分为清水水体、半浑浊水体和浑浊水体（闫大江，2018）。浑浊水体的光谱反射在不同波段是不同的。水浊度变化会导致变化检测的错误。Chen 等（2013）列出了水浊度变化引起的伪变化。

直接比较双时相图像中对应像素的灰度值，如差分法、比值法、变化向量法等，会使变化检测的结果更容易受到上述因素的影响产生伪变化。一些学者设计了不同的方法，不直接比较双时相图像对应像素的灰度值，而是转换到另一个特征空间进行比较。Lv 等（2019）使用自适应直方图趋势（adaptive histogram trend，AHT）相似性方法来传递语义变化。该方法不直接比较两幅不同时间图像对应像素的灰度，而是通过比较中心像素与其周围像素的光谱相似度来生成自适应区域。建立自适应区域内像素的直方图。通过比较两两直方图的变化趋势生成变化幅度图像。通过 AHT 可以降低伪变化噪声。Chen 等（2013）使用光谱斜率差异（spectral gradient difference，SGD）法计算地表覆盖变化幅度，以检测变化、无变化区域。该方法在光谱梯度空间中进行变化检测，通过参考 SGD 模式知识库的模式匹配，确定地表覆被变化类型。可以消除干扰因子引起的杂散变化，这些干扰因子在不改变光谱形状特性的情况下改变光谱值。Chen 等指出，由于植被光谱在不同的季节没有一个稳定的形状，SGD 法不适合于分析不同物候季节的图像。

　　一些研究还引入了辅助数据特别是归一化植被指数（NDVI）时间序列数据来去除物候因子引起的伪变化。Liu 等（2018）综合 NDVI 多时相曲线和光谱的相位角累积量、基线累积量、相对累积率和过零率等多个形状参数，检测地表覆盖变化。可以消除由于物候差异引起的伪变化，但该方法需要 NDVI 时间序列作为辅助数据输入。Lu 等（2016）提出了一种基于对象的时空植被指数分解模型（object based spatial and temporal vegetation index unmixing model，OB-STVIUM），以解决地表覆盖变化检测中物候差异的问题。首先，对陆地卫星图像进行多尺度分割。然后，通过空间分析和线性混合理论，利用 OB-STVIUM 将 MODIS-NDVI 时间序列分解为陆地卫星目标时间序列。最后，利用 NDVI 梯度计算 NDVI 时间序列的形态和值差，确定变化和无变化的目标对象。由于结合每年 MODIS-NDVI 16 天复合数据的时间序列信息，对耕地等易受物候因子影响而产生伪变化的土地覆盖类型，也得到了正确的变化检测结果。Hu 等（2018）认为仅在两个独立的时间剖面上使用光谱值或光谱变化矢量特征不足以满足精确土地变化检测的需要。重点研究遥感影像物候差异。应用后验概率空间变化向量分析（change vector analysis in posterior probability space，CVAPS）方法，对中国西部地区双时相遥感影像进行土地变化检测。利用 NDVI 时间变化分析，提高了变化结果的可靠性。在谷歌地球引擎（GEE）的支持下，采用分类回归树（classification and regression tree，CART）分析方法对后期图像进行监督分类，得到变化部分的类型。

　　地表覆盖是资源环境要素之一，依赖于特定区域的地理环境，而地理环境具有地域分异性和空间相关性。通过地学知识可以分析资源环境要素的分布规律。因此，发展地学知识，包括地理单元和地学知识成为保证大区域地表覆盖分类及变化检测精度的十分重要的研究工作。在对遥感图像进行地理现象或者地理实体解译时，需要融合多种区域的知识。遥感地学分析一直关注信息复合，包括多源遥感信息复合分析、遥感信息与非遥感信息复合分析。在所有的地域知识中，生态地理分区是众多现象的主导因素。通过建立地理分区辅助大范围内的地表覆盖解译，采用分而治之的策略对不同的区域内采用不同的方法，可以有效提高地表覆盖识别和变化检测的精度。生态地理分区由于其全球性、分区内部地类稳定性、地物变化规律性和信息量大等特点，可以用来构建规则库辅助变化检测。并基于多源产品及非结构化地学知识，建立地学知识库，为保证分类及变换检测精度提供地学属性知识。

　　自互联网普及以来，地理信息呈现指数级增长（Carver et al.，2001），产生了大量的地理信息数据。特别是由于定位技术的重大进步及 Web2.0 技术的广泛普及，出现了普通公民被动或者主动采集并贡献大量地理数据的趋势，这种自下而上的数据获取方式与传统的自上而下的数据采集模式相反。同时，这一趋势还在不断扩大，因为现在任何信息几乎都可以进行地理标记（Hudson-Smith *et al.*, 2009）。

目前，众源地理数据的处理研究主要集中在数据质量分析与评价，为后续提供完整、准确、可靠的数据以进行众源地理数据的应用。众源地理数据由非专业的用户获取，不同用户、不同时间、不同地点采集的众源地理数据和经过大量不同用户编辑的众源地理数据具有不同的质量。这种众源地理数据来源广泛的属性决定了其数据质量具有较高的不确定性，为此使用时需要充分考虑其完整性、准确性和可靠性（Haklay, 2013；李德仁，2016）。

众源地理数据具有体量大、更新快、类型多、潜在价值大等特征（彭雨滕等，2018），因此在众源地理数据的存储管理上，横向扩展的数据库越来越多地被用于追踪大体量、高速度的空间数据流，非关系型数据库的分布式存储与并行化处理机制也可以用来实现数据的集成融合与存储管理。例如，NoSQL 数据库可以用来存储和处理非结构化的空间大数据，Redis 键值数据库非常擅于存储和处理地理空间计算所需的坐标信息。此外，在众源地理大数据的处理上，伴随着高性能计算机等硬件技术的发展，Apache Hadoop 作为一种处理大数据常见的方法和框架，以批处理的方式运行数据处理任务，但是对于实时众源地理数据，则需要采用来自 Twitter 公司的 STORM 开源框架，可以可靠的处理无限的数据流并实时处理 Hadoop 的批任务。

本章将针对遥感地表覆盖变化检测中的伪变化问题，采用离线生态地理分区知识及在线众源数据挖掘的方式，发现和剔除变化检测中的伪变化，从而提升变化检测的精度和可靠度。

6.2　方　　法

6.2.1　方法概述

利用生态地理分区知识库和众源数据挖掘进行地表覆盖伪变化检测的工作流程如图 6.1 所示。整体流程可分为两个部分，一个是初始变化检测，另一个是伪变化识别。在影像预处理的基础上，采用协同分割变化检测的方法提取地表覆盖的变化图斑，对变化图斑进行分类，获得地表覆盖变化前后的类型。伪变化识别部分，首先，采用离线的生态地理分区知识库利用地学知识识别伪变化图斑；然后，将识别出的伪变化图斑进行筛选，选取一部分进行在线发布，利用众源志愿者的标注，进一步剔除伪变化图斑；最终，得到优化后的变化图斑。

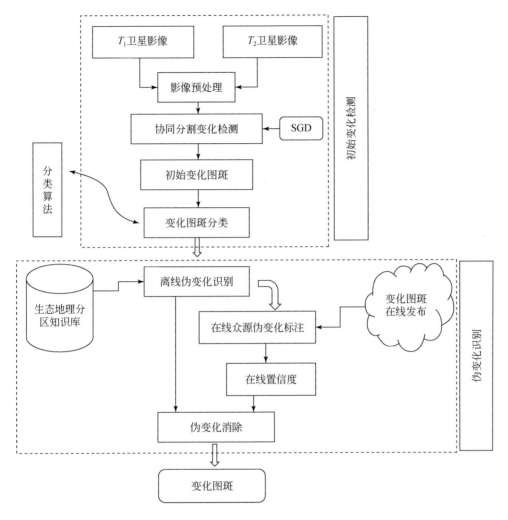

图 6.1　伪变化检测流程图

6.2.2　变化检测

1. 预处理

预处理的目的是进行两期影像数据的配准和辐射校正，减弱外界成像环境影响从而简化变化检测问题。具体步骤如下：

（1）正射校正：校正影像的倾斜偏差及投影过程中产生的误差，根据影像下载文件中包含的 RPC 文件和该地区对应的 ASTER 30m 分辨率 DEM 进行正射校正；

（2）大气校正：首先利用遥感影像辐射定标系数对图像进行辐射定标，之后输入影像获取时间、传感器类型、气溶胶模式等参数，进行 FLAASH 大气校正；

（3）几何校正：本章采用的原始影像数据为国产 GF-1 WFV 影像。采用商用软件正射校正后局部地区仍会存在几个至十几个像素的位置偏差，无法实现两期影像的精确配准。GF-1 WFV 图像具有宽覆盖、大视场角、几何变形复杂的特点，几何精校正难度大。并且几何畸变复杂，存在许多局部几何变形。对于局部几何变形，常规做法是使用大量高精度且分布较均匀的控制点构建局部校正模型，然后使用校正模型完成图像的局部几何变形校正。因此，对于 GF-1 WFV 图像，实现几何精校正的关键是如何获得大量高精度且分布均匀的控制点。本书采用了 Shan 等（2014）的方法，以 Landsat TM 全球拼接图像为基准，基于 Forstner 算子和模板匹配的分层配准方法。该方法使用分层匹配获得的大量高精度且分布均匀的控制点构建 Delaunay 三角网，有效地解决了 GF-1 WFV 图像的几何精校正问题。步骤包括 GF-1 WFV 图像特征点提取、图像分层自动匹配、控制点均匀化、三角网校正。纠正结果两期图像配准误差小于两个像素。

2. 超像素协同分割变化检测

计算机视觉中的协同分割算法，能够从同一场景的多视图像中分割出相同或近似的目标。该算法由于利用了图像之间的联系，能够挖掘出更多的图像信息。协同分割的基本思想就是将能量函数最优化，以此获得图像组中感兴趣目标的最优分割，而能量函数的优化是通过求得网络流图的最小割来实现的，最小割/最大流算法就是一种能量函数优化的方法。协同分割变化检测的能量函数包括两个部分：变化特征项和图像特征项，公式如下：

$$E = \lambda E_1 + E_2 \tag{6.1}$$

式中，E_1 为变化特征项；E_2 为图像特征项；λ 为变化特征项的权重，用于平衡式中的变化特征与图像特征的比重。

以像素作为基元的协同分割变化检测，首先计算得出每一个像素的图像特征和变化特征，然后把像素图像映射为网络流图，求取网络流图的最小割实现能量函数的最优化从而实现变化和非变化图斑的分割。然而，用最小割/最大流的协同分割变化检测方法构造的网络流图是以每个像素为节点的。因此，算法的迭代次数与图中的像素总数密切相关，降低了算法的运算效率。Zhu 等（2020）引入了超像素分割，使其适用于大场景的变化检测，增强了协同分割变化检测算法的实用性。具有同质性的相邻像素被分割成更大的像素，即超像素。然后利用超像素作为协同分割的基元，大大提高了算法的效率。

Zhu 等（2020）文献中变化特征项是利用变化向量（change vector，CV）的方法求得的。但是由于国产高分影像质量方面存在问题，且研究区处于热带地区，夏季时期无云的影像很难获取；受地形和气候限制，云阴影和山体阴影会对分类精度造成影响。因此本章中协同分割变化检测的变化特征项改为采用 Chen 等（2013）提出的光谱斜率差异（SGD）法，将多光谱遥感影像相邻光谱段组合起来，通过求解光谱段的斜率来反映相邻光谱反射率的变化趋势，之后将所有光谱段之间的斜率组合描述整条光谱曲线的形状，通过两期影像同一像素光谱曲线形状的比较进行变化检测。光谱曲线的斜率定义为

$$g_{k,k+1} = \frac{\Delta R_{k,k+1}}{\Delta \lambda} = \frac{R_{k+1} - R_k}{\lambda_{k+1} - \lambda_k} \tag{6.2}$$

式中，k、$k+1$ 为相邻的波段；R_{k+1}、R_k 为相邻波段的反射率；$\Delta R_{k,k+1}$ 为其差值；λ_{k+1}、λ_k 为 k、$k+1$ 波段的中心波长；$\Delta \lambda$ 为其差值。

将 n 个波段的光谱斜率组合用向量表示，得到光谱斜率向量（spectral gradient vector, SGV），即 $G=(\begin{matrix} g_{1,2} & g_{2,3} & \cdots & g_{3,3} \end{matrix})$，$g_{n-1,n}$ 为 $n-1$ 和 n 波段间的斜率值。两时相某像素光谱斜率差异为

$$|\Delta G| = \sum_{k=2}^{n} |g_{k-1,k}^{2} - g_{k-1,k}^{1}| \tag{6.3}$$

式中，$g_{k-1,k}^{2}$ 为后一时相 $k-1$ 和 k 波段的斜率值；$g_{k-1,k}^{1}$ 为前一时相 $k-1$ 和 k 波段的斜率值。$|\Delta G|$ 越大，变化的可能性越大。

SGD 法可抑制两期影像亮度差异、地表湿度差异、水体浑浊度差异造成的伪变化。

3. 变化图斑分类

以超像素协同分割提取出的初始变化图斑要进行分类，以获得 FROM-TO 的变化信息，为后续的伪变化识别提供类型信息。本书研究地表覆盖分类结合国家"十三五"重点研发计划"地球观测与导航"重点专项"基于国产遥感卫星的典型要素提取技术"项目课题"典型资源环境要素识别提取与定量遥感技术"的分类标准，地表覆盖一级类分为 10 类，类名、编码和含义见表 6.1。

表 6.1　典型资源环境要素定义及编码

一级类型		含义
编码	名称	
010	耕地	用于种植农作物的土地，包括水田、灌溉旱地、雨养旱地、菜地、大棚用地等
020	森林	乔木覆盖且树冠盖度超过 30% 的土地，包括落叶阔叶林、常绿阔叶林、落叶针叶林、常绿针叶林、混交林，以及树冠盖度为 10%～30% 的疏林地
030	灌木林	灌木覆盖且灌丛覆盖度高于 30% 的土地，包括山地灌丛、落叶和常绿灌丛，以及荒漠地区覆盖度高于 10% 的荒漠灌丛
040	草地	以草本植被为主连片覆盖的地表，包括草被覆盖度在 10% 以上的各类草地，含以牧为主的灌丛草地和林木覆盖度在 10% 以下的疏林草地
050	湿地	位于陆地和水域的交界带，有浅层积水或土壤过湿的土地，多生长有沼生或湿生植物，包括内陆沼泽、湖泊沼泽、河流洪泛湿地、森林/灌木湿地、泥炭沼泽、红树林、盐沼等
060	水体	陆地范围液态水覆盖的区域，包括江河、湖泊、水库、坑塘等
070	人造地表	由人工建造活动形成的地表，包括城镇等各类居民地、工矿、交通设施等，不包括建设用地内部连片绿地和水体
080	裸地	植被覆盖度低于 10% 的自然覆盖土地，包括荒漠、沙地、砾石地、裸岩、盐碱地等
090	永久积雪和冰川	表层被冰雪常年覆盖的土地
100	苔原	寒带及高山环境下由地衣、苔藓、多年生耐寒草本和灌木植被覆盖的土地，包括灌丛苔原、禾本苔原、湿苔原、高寒苔原、裸地苔原等

本章的变化检测的目的是进行地表覆盖的增量更新，时相选择为 2016 年和 2020 年。即利用提取的 2016～2020 年地表覆盖的变化，更新 2016 年度的地表覆盖产品，从而获得

2020 年度产品。2016 年度的地表覆盖产品由课题参与单位——中国科学院地理科学与资源研究所负责分类。分类的方法实现了地学知识表达支持下的典型资源要素的高精度遥感信息提取与分类。目前获取的全球或区域性的地表覆盖产品数据，耕、林、灌、草、裸地等植被类型的一致性精度差别很大，植被的提取难点在于：①植被具有季节性变化特征，单景遥感影像无法完成，而国产卫星难以获得关键时相的植被提取影像；②植被光谱特征随时间连续性变化，这种规律由地形、气候、植被特性等共同决定，因此提取植被的光谱特征有一定难度。时间维信息可以提供植被随时间变化特征，结合地学先验知识如加入NDVI 时序数据，用来辅助植被类型的提取。此外还结合了 DEM 及衍生的坡度等数据。分类器主要采用了监督分类中的 SVM 方法，对于不同的类型，采用了不同的分类策略。提取准确率不低于 85%。分类方法详见"典型资源环境要素识别提取与定量遥感技术报告"。

4. 两时相图斑叠加分析

超像素协同分割结果是变化图斑的形式。在一个变化图斑内，所有像素前后两时相的分类结果可能不是均一的，即一个变化图斑中可能存在几种地物类型，这对于后续利用生态地理分区进行伪变化的判断带来困难。因此，在影像分类之后，将影像类型图斑与变化检测的图斑进行了叠置分析，将变化图斑根据地物两时相的类型进行了细分，使得每一个变化图斑内部前后时相影像的地表覆盖类型是均一的。

叠置分析的过程见图 6.2 所示。一个变化图斑在 T_1 时相的地表覆盖类型有两种，是森林（020）和裸地（080）；在 T_2 时相的地表覆盖类型变为两种，人造地表（070）和灌木林（030）；地表覆盖的类型在变化图斑中不均一，需要通过两时相叠加分析将图斑分为4 个，可得到前后时相均一的地表覆盖类型。

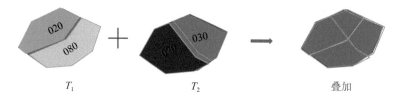

T_1　　　　　　　　T_2　　　　　　　　叠加

图 6.2　图斑与分类结果叠加分析示意图

6.2.3　生态地理分区知识库

1. 生态地理分区

自 20 世纪 80 年代以来，专家知识被用于解决遥感分类问题，包括专家系统的应用和知识工程（Nagao and Matsuyama，1980；Erickson and Likens，1984；Civco，1989；Dobson *et al.*，1996；Wentz *et al.*，2008；甘淑等，2003；李爱生等，1992；周卫阳，1989；陈永

富和王振琴，1996）。在以往的地表覆盖制图中，学者们往往利用辅助数据来提高产品的精度[①]（Chen *et al.*，2015b；Loveland *et al.*，2000）。然而，地表覆盖制图所使用的专家系统知识和参考辅助数据是零星的、不系统的，没有专门的系统来管理和积累所有的辅助数据以供重用。因此，有必要建立一个辅助数据库来存储、管理和传递专家知识。由于生态地理分区具有全局性、挖掘信息丰富、区划内土地类型稳定等特点，可以利用其建立知识库，提高遥感影像的分类精度。

生态分区是自然地理系统研究引入生态系统理论后继承和发展起来的。生态区是指利用生态学的有关原理和方法，结合人类活动的干扰，综合和区分各生态区的异同，划分生态环境单元的地理区划（Herbertson，1905）。1905 年，Herbertson（1905）开始划分全球生态区。目前，世界著名的生态区划如表 6.2 所示。

表 6.2　世界著名生态区划

名称	参考文献
Holdridge 模型	Holdridge，1967
世界生物地理群落	Bailey and Hogg，1986
大陆生态分区	Bailey，1989
世界生态系统	Bailey，1983
世界生态区划	Bailey，2004
世界陆地生态分区	Olson *et al.*，2001

各生态分区内具有相似的生物群落，在一定时期内土地覆盖类型相对稳定，即使变化也有一定的规律，变化趋势可以作为参考。同时，根据不同的地理属性，可挖掘地表覆盖变化检测的相关知识。为了帮助实施基于遥感变化检测的地表覆盖更新，本研究以世界自然保护基金会（WWF）建立的世界陆地生态区（Olson *et al.*，2001）作为全球生态地理分区知识库的基本框架。该生态分区将世界划分为 8 个生物地理区域和 14 个生物群落。根据这两个基本层次，共划分出 867 个生态区。每个部门都有一个唯一的六位数代码。命名规则如下：前两位是它所处的生物地理区域，中间是它的生物群落类型，后两位是根据自然属性区分的，序列号是 01、02 等，如 PA0101 是欧亚热带、亚热带湿润阔叶林中的贵州高原阔叶林和混交林。全球生态地理区划如图 6.3 所示。不同的颜色表示不同的分区。

2. 地理生态分区知识库

1）生态地理分区知识库框架

现有的全球生态地理分区数据包括全球生态地理分区矢量图和文档文献。文件内容包括生态分区的代号、名称、地理区划、生物群落、具体位置、范围、主要动植物、保护现状、野外照片等。

---

① CCI-LC. 2014. CCI-LC Product User Guide. UCL-Geomatics（Louvain-la-Neuve），Belgium.

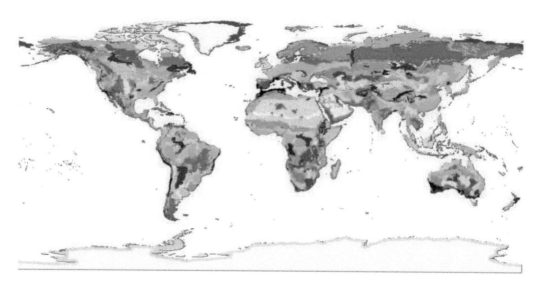

图 6.3　867 个全球生态区划图（不同颜色表示不同区域）

知识是根据专家经验中提取的长期信息或知识。知识的质量直接影响专家系统的性能。本书选取生态地理分区作为构建知识库的依据，对分区内部的地表覆盖相关知识进行分类挖掘，总结出各区的伪变化规律，用于识别和消除伪变化。与地表覆盖有关的知识包括以下内容。

（1）每个生态地理分区根据一定的地理属性进行划分，可以根据不同的地理属性（如海拔、坡度、降水量、NDVI 等）采集不同土地类型的信息。

（2）每个生态地理分区不同的地表覆被都有一定的规律可循，可以从收集到的各类地理属性信息中提取规律。

由于世界被划分为 867 个不同的生态地理分区，数据收集和规则存储涉及大量的工作。Zhu 等（2020）设计了一种面向对象的方法来建立知识库。考虑 8 个生物地理区域和 14 个生物群落，并考虑坡度、海拔、温度、湿度和 NDVI 等自然属性，将知识库分为 4 层，如图 4.3 所示。建立了各层之间自上而下的继承和派生关系。下层可以继承其父节点的全部知识，减少了存储量，实现了通用知识的复用。

2）先验知识收集

为了有效识别地表覆盖的伪变化，定义先验知识是有效识别地表覆盖伪变化的关键。从先验知识中提取的伪变化有两种方法，一种是从专家知识中挖掘，另一种是从现有的地表覆盖产品中挖掘。

利用不同的属性条件，从遥感专家解译知识中获取全球地表覆盖变化规律的先验知识，并将其表达为可用于判断伪变化的知识规则。一般通用规则适用范围很广。由于伪变化规则存储在一个 4 层结构中，上一层的规则被下一层继承以减少规则的重复。通用规则收集一般性的地表覆盖变化规律，包括不合理的变化知识。例如，南极地区苔原不可能变化为森林、草地、灌木林、耕地和湿地。由于南极的低温、大风、缺水和夏季周期短暂，大大限制了植物的生存，南极是地球上唯一完全位于"树线"以外的大陆不可能出现树木；冰川和永久积雪不可能和森林、草地、灌木林、耕地和湿地相互转化；冰川和永久积雪只有在超过某地雪线的情况下存在；冰川和永久积雪主要分布在地球的两极和中、低纬度的高山区；一般情况下，远海的地区的森林、草地、灌木林和耕地不会转化为水体；水体不可能直接转化为森林、草地和灌木林；除两极及高山地区极其低温地区，水体不会转化为冰川和永久积雪。还包括由于季候和时相条件下地类的变化知识，如丰水期湿地光谱特征与水体类似；植物生长期湿地光谱特征与森林（或草地）类似；水田的光谱特征与水体类似（实行水生、旱生农作物轮种的耕地随时相显现出不同的光谱特征）；收割期耕地光谱特征与裸土类似；种植蔬菜等的大棚用地光谱特征显示异常；海涂中的耕地的光谱特征与海水类似，但一般有人工标志物；在耕地的灌水期，通常水的高度要盖过秧苗，从影像上看，呈现水体的光谱特征，易错分为水体，造成伪变化；掌握水稻的主要分布区域，有助于耕地错误判断为水体所造成的伪变化的发现（刘吉羽等，2015）；落叶期森林光谱特征与草地（或裸土）类似；湖泊、河流等水域夏季易发水华，导致光谱特征与植物类似；河流冰冻期光谱曲线特征表现为冰；河流枯水期，滩涂由于自然生长或人为种植，导致光谱曲线表现为草地或耕地；湖泊、坑塘等在落叶期光谱特征与草地（或裸土）类似；芦苇等水草的生长期光谱特征表现为草地（或森林）；沟渠等人工挖掘的地物在无水流时光谱特征表现异常；冻原的植物生长季一般为 2~3 个月，耐寒的北极和北极–高山成分的藓类、地衣、小灌木及多年生草本植物为主组成的植物群落使在此期间光谱特征与草地类似；冻原一般位于北极圈内以及温带、寒温带，气温较低，冬季积雪导致光谱特征与极地（冰、雪）的光谱特征类似。这些通用伪变化规则存储于生态地理分区框架见图 4.3 中的第三层。

此外，挖掘每个生态地理分区的独特规则是必要的。虽然现有地表覆盖产品的精度有限，但不同时期地表覆盖的统计规律可以表达地表覆盖的变化规律。在本研究中，我们使用从现有地表覆被产品中挖掘规则的方法。通过对同一地区不同时段现有地表覆盖产品的同一像素位置进行比较，统计像素的类型转换关系，得出各生态地理分区的地表覆盖类型转换规律。这些统计数据是按生态地理分区逐一进行的，以反映不同分区的内在规律。具体方法如下：首先提取分区内的地表覆被类型，如果类型个数为 n，则矩阵为 $n \times n$ 大小。根据生态地理分区，将两个时段的地表覆盖产品剪裁到每个分区范围。对两个时期的地表覆盖类型进行逐一统计，并在矩阵的相应位置进行累加。最后得到各生态地理分区地表覆盖类型的转换矩阵，如表 6.3 所示，假设生态地理分区有 6 种土地覆盖类型，耕地、森林、草地、灌木林、湿地和水体。

表 6.3　地表覆盖类型的转换矩阵

第一期 ＼ 第二期	耕地	森林	草地	灌木林	湿地	水体	总计
耕地	N11	N12	N13	N14	N15	N16	∑N1¤
森林	N21	N22	N23	N24	N25	N26	∑N2¤
草地	N31	N32	N33	N34	N35	N36	∑N3¤

第二期 第一期	耕地	森林	草地	灌木林	湿地	水体	总计
灌木林	N41	N42	N43	N44	N45	N46	∑N4¤
湿地	N51	N52	N53	N54	N55	N56	∑N5¤
水体	N61	N62	N63	N64	N65	N66	∑N6¤
总计	∑N¤1	∑N¤2	∑N¤3	∑N¤4	∑N¤5	∑N¤6	

例如，在表 6.3 中，N11 是两阶段地表覆盖产品中从耕地到耕地的像素数。∑N¤1 是 N11 到 N16 的总和，表示第一阶段地表覆盖产品中的耕地像素数。然后，将数字统计表转换为概率统计表，如表 6.4 所示，其中 P11 是耕地到自身的概率，P12 是耕地到森林的转换概率，以此类推。转移概率之和矩阵中每行和每列等于 1。

表 6.4　地表覆盖类型的转换概率矩阵

第二期 第一期	耕地	森林	草地	灌木林	湿地	水体	总计
耕地	P11	P12	P13	P14	P15	P16	1
森林	P21	P22	P23	P24	P25	P26	1
草地	P31	P32	P33	P34	P35	P36	1
灌木林	P41	P42	P43	P44	P45	P46	1
湿地	P51	P52	P53	P54	P55	P56	1
水体	P61	P62	P63	P64	P65	P66	1
总计	1	1	1	1	1	1	

在生态地理分区地表覆被类型转换概率矩阵中，一般认为低概率的转换关系（如接近 0 的值）具有较小的转换概率，即伪变化。伪变化规则的表达形式是产生式，采用前提和结论的形式，映射到数据库中的表中，存储在公共对象关系数据库中。

根据生态地理分区知识库的框架结构，逐层建立伪变化规则。伪变化规则由六位代码 XXXXXX 表示，前三位是变更前的类别代码，后三位是变更后的类别代码，代码由表 6.1 中的地表覆盖类型代码表示（在两位代码前加 0 形成一个三位数字）。模型的第四层是每个小生态区的伪变化规律，包括从上层继承的规律和本生态地理分区特有的规律。各分区无继承关系的特殊规则包括生态地理分区的一般伪变化规则和季节、时间因素引起的伪变化规则。这些规则主要依靠如表 6.3、表 6.4 所示的统计获得。伪变化判断方法采用正向推理。首先，将不同年份的地表覆盖变化图斑根据地图坐标范围判断斑块的生态地理分区所在，然后利用对应生态地理分区的伪变规则库判断 6 位编码是否与伪变规则库匹配，并标记伪变化。由于变化斑块可能跨越不同的生态地理分区带，因此需要对相应的区域进行逐一判断。

6.2.4　在线众源伪变化标注

1. 基于超文本引导主题搜索算法（HITS）的伪变化检测方法

基于众源数据的伪变化检测所采用的算法是超文本引导主题搜索 HITS 算法（Kleinberg，1998）。这一算法最早应用于根据一组文档中的链接信息对文档进行排序，被大多数搜索引擎网站所采用，已被证实为一种经典且有效的方法。该算法的基本思想是一个高级别的枢纽节点（Hub）往往指向其他许多文档节点，而一个高质量的权威节点（Authority）是由许多文档节点所指向的。枢纽节点和权威节点是一种相互促进、相辅相成的关系，也就是说一个高级别的枢纽节点往往指向许多高级别的权威节点，而一个高级别的权威节点往往由许多高级别的枢纽节点所指向。

HITS 算法一般使用 Hub 值和 Authority 值来分别表示一个节点的枢纽性和权威性。Hub 值和 Authority 值在相互递归中互相更新，在每一次算法迭代中，包含以下两个基本步骤：第一步是 Authority 值的更新，也就是将每个节点的 Authority 值更新为与它有连接关系节点的 Hub 值之和；第二步是 Hub 值更新，也就是将每个节点的 Hub 值更新为与它有连接关系节点的 Authority 值之和。这里假设存在有向图 $G(V,E)$，V 为节点集合，E 为有向边的集合，若 m，n 属于 V，且有向边 (m,n) 属于 E，则可以说明节点 m 与 n 存在有向连接关系；m 的出度值为 m 节点指向其他节点的节点总数，节点 n 的入度值为指向 n 节点的节点总数。如果每个节点 p 的 Authority 值记为 $a(p)$ 且 Hub 值记为 $h(p)$，那么在每一次迭代中存在如下计算过程：

（1）计算节点 m 的 Authority 值：

$$a(m) = \sum_{(m,n) \in E} h(n) \tag{6.4}$$

（2）对 $a(m)$ 进行规范化：

$$a(m) = a(m) \Big/ \sqrt{\sum_{q \in n} [h(q)]^2} \tag{6.5}$$

（3）计算节点 n 的 Hub 值：

$$h(n) = \sum_{(m,n) \in E} a(m) \tag{6.6}$$

（4）对 $h(n)$ 进行规范化：

$$h(n) = h(n) \Big/ \sqrt{\sum_{q \in m} [a(q)]^2} \tag{6.7}$$

一般情况下，要取得稳定的 Hub 值或者 Authority 值，需要对式（6.4）和式（6.7）反复进行迭代计算，直至算法收敛。算法的收敛一般通过设定一个很小的阈值。例如，将阈值设为 105，则如果前后两次的所有节点的 Hub 值或者 Authority 值之差都小于阈值，则算法判定为收敛。将 HITS 算法应用在基于众源数据的伪变化图斑检测中。为此，首先需要建立众源用户到变化图斑之间的评价连接关系二分图，如图 6.4 所示。众源网络用户作为一种类型的节点且它们之间没有关联，变化图斑作为另一种类型的图节点且它们之间也没有关联，而这两类节点之间存在着伪变化评价联系，即一个伪变化程度高的变化图斑更容易被经验丰富的用户给出较高的伪变化程度值，而一个经验丰富的用户对变化图斑做出的伪变化程度值评价也更可靠。

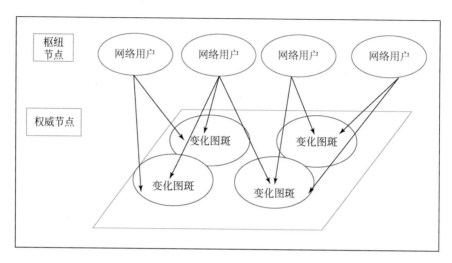

图 6.4　一个众源网络用户–变化图斑二分网络示意图

基于网络用户与变化图斑之间的这种二分网络，本书通过引入 HITS 算法的思想来计算网络用户的 Hub 值及变化图斑的 Authority 值，从而判断图斑的伪变化程度，找出最有可能的伪变化图斑。网络用户不仅对变化图斑做出评价，还会依据自身的经验知识根据变化图斑的伪变化可能性给出一个量化的伪变化程度评分。在二分网络中，网络用户对变化图斑的伪变化程度评分值为这条有向边上的权重值。权重越高，变化图斑的伪变化可能性越大，权重越低，变化图斑的伪变化可能性越小。为此，本书利用加权的 HITS 算法来对变化图斑进行伪变化程度值的定量检测。

为了描述这个算法，需要定义一个加权网络矩阵，它的元素表示 Hub 节点对 Authority 节点做出的伪变化程度评分值。根据 HITS 算法的基本原理，节点在有限的迭代次数内符合以下定义：

$a(m)$ 是节点 m 的 Authority 值，即

$$a(m) = \sum_{(m,n) \in E} h(n) \times W_{mn} \tag{6.8}$$

对 $a(m)$ 进行规范化后得

$$a(m) = a(m) / \sqrt{\sum_{(m,q) \in E, q \in n} [h(q) \times W_{mn}]^2} \tag{6.9}$$

$h(n)$ 是节点 n 的 Hub 值，即

$$h(n) = \sum_{(m,n) \in E} a(m) \times W_{mn} \tag{6.10}$$

对 $h(n)$ 进行规范化后得

$$h(n) = h(n) / \sqrt{\sum_{(m,q) \in E, q \in n} [a(q) \times W_{mq}]^2} \tag{6.11}$$

该算法的收敛条件等同原始的 HITS 算法，即所有节点前后两次 Hub 值和 Authority 值的变化小于某个设定的阈值。采用加权的 HITS 算法很重要的一个原因是加权的 HITS 算法

比原始的 HITS 算法更容易找出头部 Hub 节点和 Authority 节点的差异，这让伪变化程度值高的变化图斑和经验丰富的网络用户更容易被发现。需要注意的是，为了提高算法的运行效率，使算法尽快收敛，本章对算法的规范化做了以下改进，即在算法每一次的迭代计算中，按照式（6.9）与式（6.11）对 Hub 值和 Authority 值进行规范化，从而只需要对与自身有连接的节点进行求和归一化，而无需对整个 Hub 节点或者 Authority 节点进行求和归一化，达到利用小网络的连接关系代替整体大网络连接信息的目的，从而提高网络计算效率。

2. 在线众源伪变化检测平台

分布式计算框架 Hadoop 是一个由 Apache 基金会所开发的分布式系统基础架构，用户可以在不了解分布式底层细节的情况下，开发分布式程序。Hadoop 框架最核心的技术包括 HDFS 和 Map/Reduce。HDFS 为海量的数据提供了分布式存储，而 Map/Reduce 为海量的数据提供了分布式运算。HITS 算法在 Hadoop 平台的实现主要是采用 Map/Reduce 核心技术来完成图斑的 Authority 值和用户节点的 Hub 值的计算。一般而言，一次完整的 HITS 的迭代需要两次 Map/Reduce 操作。第一次 Map/Reduce 操作是计算相关节点的 Authority 值并规范化，第二次 Map/Reduce 操作是计算相关节点的 Hub 值并规范化。值得注意的是，在使用 Map 操作之前需要对数据重新进行组织变换在图斑伪变化检测的过程中，评价分值对图斑的置信度起着关键作用。基于评价分值加权的 HITS 算法在每次迭代循环中，把权重作为乘法因子输入到 Hub 与 Authority 值的更新中，具体示意图如图 6.5 所示。

图 6.5　基于 Hadoop 平台的加权 HITS 算法迭代代码

平台功能模块图如图 6.6 所示，主要包括众源网络用户评价数据采集和变化图斑伪变化检测两个模块。网络用户可以根据自己对地表覆盖更新区域变化图斑的背景环境经验知识，在平台中直接输入对变化图斑的伪变化程度值及相应的文字描述，这些信息会被众源网络用户采集模块采集并存储。变化图斑伪变化检测模块则是利用基于加权的伪变化检测 HITS 算法对大量的网络用户评价数据进行并行式计算，并更新变化图斑的权威性分值和用户的中心性分值。

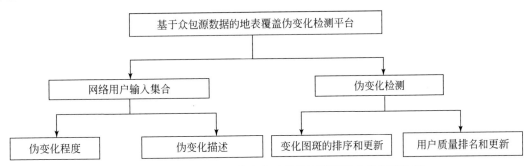

图 6.6　基于众源数据的伪变化地物图斑检测平台功能模块图

1）众源网络用户采集模块的设计与实现

众源网络用户采集模块用于采集用户对变化图斑伪变化程度的评价数据，主要包括用户对某一变化图斑的伪变化程度值打分及一定的文字描述。

如图 6.7 所示，用户注册登录平台后，可以移动地图定位到自己所在或者自身熟悉、感兴趣的位置。地图界面总共分为两个部分，左右分别为变化前后时相的遥感影像底图，变图图斑图层则覆盖在左右底图上。除了常规的底图放大缩小之外，为了帮助用户更好的根据自身的经验知识对变化图斑的变化情况进行判断，一方面平台对底图遥感影像采取分层发布的方式，使用瓦片地图技术，不仅提升了加载速度，而且提高了清晰程度，有助于增强用户的交互体验；另一方面，平台通过增加图斑隐藏按钮，用以帮助用户更好地判断变化图斑周围地理环境的变化。

图 6.7　在线平台变化图斑伪变化程度值采集界面

在此模块上，用户对变化图斑做出评价的具体步骤如下：

（1）首先，点击某一变化图斑后弹出评价窗口，在评价窗口中首先告知用户该变化图斑的前后变化类型信息，如从湿地变化至人工地表。

（2）其次，用户根据自身对变化图斑周围的地理环境的认识对该变化图斑是否发生地表覆盖类型的变化进行判断与评价，给出评价分值。

（3）再次，如果用户认为变化图斑的伪变化程度值高，则给出较高分值；如果用户认为变化图斑的伪变化程度值低，则给出较低分值。

（4）最后，用户可以在文本框中输入对该图斑变化信息的文字描述，以便于后期的文本挖掘提取伪变化程度值。

2）变化图斑伪变化检测模块的设计与实现

变化图斑伪变化检测模块主要通过将存储在数据库中的用户评价数据导入基于 Spark 技术的大数据并行处理框架，利用在 Spark 上实现的基于加权的伪变化检测 HITS 算法，完成对用户评价数据的定量挖掘分析，从而得到所有变化图斑的伪程度分值和网络用户的中心性分值。

在此模块上，系统管理员对变化图斑进行伪变化检测的具体步骤如下：

（1）首先，管理员使用专业数据传送工具 Sqoop 将存储在 PostgreSQL 上的变化图斑评价数据导入到大数据分布式文件存储系统 HDFS，并完成数据的去重、删除空值等预处理操作；

（2）其次，管理员申请集群上的 Spark 计算资源，输入相应的参数，调用基于加权的伪变化检测 HITS 算法，对导入的数据进行伪变化程度值计算；

（3）再次，管理员再次使用 Sqoop 工具将变化图斑的伪变化程度值及用户中心性值导入到 PostgreSQL 数据库，平台根据更新后的数据完成变化图斑伪变化程度分值和用户质量分值的更新；

（4）最后，管理员分析更新后的变化图斑伪变化程度分值和用户质量分值，完成相关地表覆盖数据的增量更新。

6.3　实验区域和数据

6.3.1　实验区域介绍

实验区域选定在老挝北部，老挝是一个位于中南半岛北部的内陆国家，国土面积为 236800km^2。老挝国境内 80% 为山地和高原，大部分为森林所覆盖，北部地势高，南部地势低。老挝所属热带和亚热带季风气候，雨季为 5 月至 10 月，旱季为 11 月至 4 月，年平均气温约为 26℃，全年高温多雨，境内最大河流为起源于中国的湄公河。

所选实验区域由琅勃拉邦山地雨林 IM0121，北印度支那亚热带森林 IM0137 和泰国北部—老挝湿润落叶林 IM0139，共计 3 个生态地理分区组成，分布如图 6.8 所示。

为统计各个生态地理分区内的地表覆盖转换规律，选用了 2015 年和 2020 年的全球地表覆盖产品——GLC_FCS30。GLC_FCS30（Zhang *et al.*，2020a）由中国科学院空天信息创新研究院生产，通过在谷歌地球引擎计算平台上结合陆地卫星图像的时间序列和来自 GSPECLib（全球时空谱库）的高质量训练数据。GLC_FCS30-2015 使用 3 种不同的验证系统（包含不同的地表覆盖细节）和 44043 个验证样本进行验证。验证结果表明，GLC_FCS30-2015 对 0 级验证系统（9 种基本地表覆盖类型）的总体精度为 82.5%，Kappa 系数为 0.784。GLC_FCS30 的 0 级土地覆盖类型与本研究的分类体系一一对应。老挝北部 GLC_FCS30 2015 年和 2020 年产品分别如图 6.9 所示。据统计（表 6.5），2015 年和 2020 年实验区地表覆盖类型中，森林、灌木林总和占 80% 以上，森林、灌木林和耕地是主要的地表

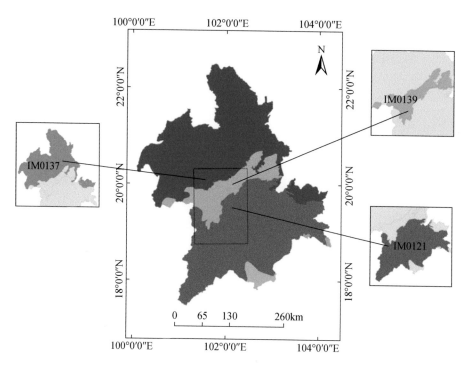

图 6.8 实验区域生态地理分区

覆盖类型，2015 年和 2020 年在这些地表覆盖类型中，各种类型所占的比例发生了变化，考虑到分类误差和林、灌、草易混淆的原因，总体分布和比例变化不大。

表 6.5 **2015 年和 2020 年 GLC_FCS30 产品各类型占比统计**

时间 地表覆盖类型	2015		2020	
	像素数	占比/%	像素数	占比/%
耕地	1369323	5.70	1468986	6.12
森林	10515595	43.79	12025140	50.12
草地	15723	0.07	10602	0.04
灌木林	11927722	49.67	10182737	42.44
湿地	11560	0.05	3129	0.01
水体	119395	0.49	163235	0.68
人造地表	55088	0.23	140651	0.59

计算了各生态地理分区地表覆盖类型的转换概率矩阵，结果见表 6.6。

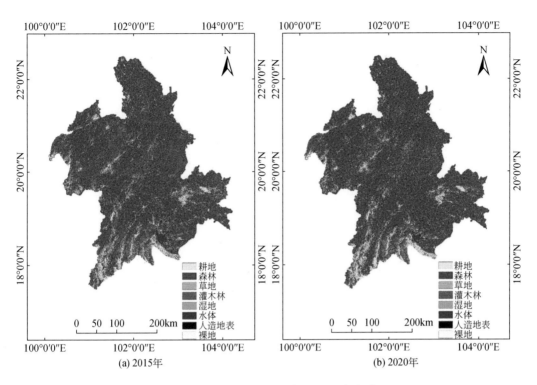

(a) 2015年　　　　　　　　　　(b) 2020年

图 6.9　GLC_FCS30 2015 年和 2020 年产品

表 6.6　2015～2020 年 GLC_FCS30 产品分期转化概率统计表

IM0121 区							
类型	耕地	森林	草地	灌木林	湿地	水体	人造地表
耕地	0.655662	0.138724	0.000083	0.172982	0.000358	0.011288	0.020905
森林	0.025709	0.797330	0.000019	0.174539	0.000116	0.001765	0.000522
草地	0.518326	0.292829	0.001112	0.037833	0.006076	0.128777	0.015047
灌木林	0.061172	0.273834	0.000016	0.662740	0.000148	0.000636	0.001454
湿地	0.528367	0.172955	0.000632	0.153999	0.057118	0.066415	0.020514
水体	0.068448	0.006729	0.000153	0.003885	0.001945	0.914736	0.004104
人造地表	0.297608	0.013116	0.000000	0.014344	0.000054	0.007900	0.666979

IM0137 区								
类型	耕地	森林	草地	灌木林	湿地	水体	人造地表	裸地
耕地	0.501647	0.178256	0.005283	0.261301	0.000155	0.005802	0.047551	0.000006
森林	0.008681	0.829920	0.001236	0.159641	0.000025	0.000226	0.000271	0.000000
草地	0.160823	0.580679	0.059788	0.121092	0.000208	0.034025	0.043385	0.000000
灌木林	0.037345	0.281683	0.001239	0.678366	0.000019	0.000279	0.001068	0.000000

续表

				IM0137 区			
类型	耕地	森林	草地	灌木林	湿地	水体	人造地表	裸地
湿地	0.445588	0.208367	0.001345	0.137880	0.003228	0.015268	0.188324	0.000000
水体	0.112686	0.069924	0.032684	0.036265	0.004447	0.729387	0.014606	0.000000
人造地表	0.190790	0.005327	0.005062	0.007981	0.000038	0.001232	0.789494	0.000076

				IM0139 区			
类型	耕地	森林	草地	灌木林	湿地	水体	人造地表
耕地	0.489749	0.203831	0.002754	0.211230	0.000668	0.026297	0.065472
森林	0.013997	0.783616	0.000702	0.199963	0.000053	0.000365	0.001304
草地	0.252498	0.222519	0.022801	0.054469	0.005630	0.281070	0.161013
灌木林	0.038376	0.240848	0.000739	0.717184	0.000066	0.000657	0.002129
湿地	0.323329	0.269231	0.000899	0.188893	0.061467	0.087527	0.068656
水体	0.050101	0.018540	0.005219	0.005432	0.001748	0.904035	0.014924
人造地表	0.189507	0.021239	0.000378	0.012762	0.000113	0.012064	0.763937

注：灰色底色表示转换概率小于 0.0001，小概率事件。

据统计，2015~2020 年，IM0121 区约 65% 的耕地、79% 的森林、66% 的灌木林、91% 的水体、66% 的人造地表未发生变化，约 52% 和 29% 的草地变为耕地和森林。约有 52%、17% 和 15% 的湿地变为耕地、森林和灌木林。IM0137 区约有 50% 的耕地、83% 的森林、68% 的灌木林、73% 的水体、79% 的人造地表未发生变化，约有 16% 和 58% 的草地变为耕地和森林。约有 45%、21% 和 14% 的湿地变为耕地、森林和灌木林。IM0139 区约 49% 的耕地、78% 的森林、72% 的灌木林、90% 的水体、76% 的人造地表未发生变化，约 25%、22% 和 28% 的草地变为耕地、森林和水体。约有 32%、27% 和 19% 的湿地变为耕地、森林和灌木林。

在研究区的 3 个生态地理分区中，地表覆被转化特征基本一致，草地和湿地向其他类型转化的比例较大。主要原因是 2015 年和 2020 年 GLC_FCS30 地表覆盖产品中，草地和湿地的像素比例很小，如表 6.5 所示，分别占 0.07% 和 0.05%。同时，基于时间序列陆地卫星图像的 GLC_FCS30 产品受陆地卫星序列图像分辨率的限制，森林、灌木林和草地 3 种类型在光谱上容易混淆，造成一定的错分和遗漏误差。因此，上述两种类型都会表现出向其他类型大转变的特点。这里将各个生态地理分区统计结果中转换概率小于 0.0001 的变化类型用灰色底色标出，认为是小概率事件，不可能发生。

6.3.2　研究区影像

GF-1 卫星装备有 2 台 2m 分辨率全色/8m 分辨率多光谱相机和 4 台 16m 分辨率多光谱相机。高分辨率和大宽度的结合可以在单个卫星上同时实现。2m 高分辨率成像宽度大于

60km，16m 分辨率成像宽度大于 800km。能够满足多分辨率、多光谱分辨率、多源遥感数据的综合需求，满足不同应用的要求；本研究仅使用 16m 分辨率的 WFV 图像。主要波段参数见表 6.7。由于老挝境内常年高温多雨，获取老挝北部整体云量较少的影像进行处理较为困难，原始影像如图 6.10 所示。

表 6.7　GF-1 WFV 影像参数

波段号	波长范围/μm	空间分辨率/m	带宽	扫描角/(°)	重访周期/天
6	0.45~0.52				
7	0.52~0.59	16	800（四台相机组合）	±35	2
8	0.63~0.69				
9	0.77~0.89				

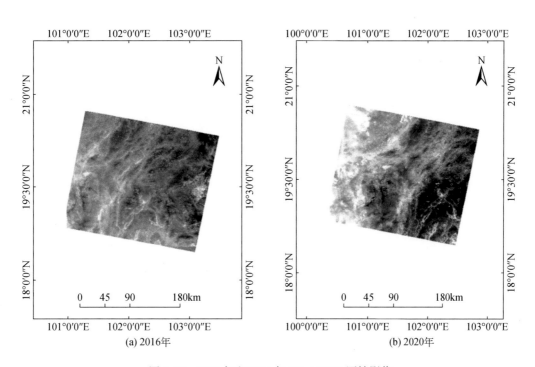

(a) 2016年　　　　　　　　　(b) 2020年

图 6.10　2016 年和 2020 年 GF-1 WFV 原始影像

为了验证该方法的有效性，选取老挝北部地表覆盖类型和分布复杂的地区进行了试验。GF-1 图像分别于 2016 年 2 月和 2020 年 2 月获得，预处理后图像大小为 7532 像素×10859 像素，如图 6.11 所示。该区地表覆盖类型为耕地、森林、灌木林、草地、水体、人造地表和裸地。从目测上看，主要的变化类型为森林向草地、灌木向农田、草地向农田等。

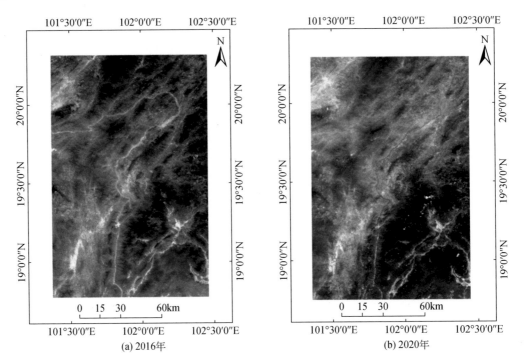

图 6.11　研究区预处理影像

6.4　伪变化检测结果及精度评估

6.4.1　变化检测结果

采用超像素协同分割的方法检测研究区的变化，最终得到变化检测初始图斑，如图 6.12 所示，变化检测结果图中共有 61502 个变化图斑。超像素协同分割处理时，选择超像素分割步长 $S=9$，紧凑度 $m=10$，变化强度图的阈值 $T=\mu+0.5\sigma$（μ 为变化强度图的均值，σ 为标准差），式（6.1）中变化特征项参数 $\lambda=0.001$。

按照 6.2.2 节的方法对 2016 年和 2020 年的影像进行分类，并对得到的变化斑块进行叠加分析，得到地表覆盖类型独立的变化斑块数为 182334 个，2016 年和 2020 年的分类结果分为 7 类，分别为耕地、森林、草地、灌木林、水体、不透水表面和裸地如图 6.13 所示。

6.4.2　地理生态分区规则库伪变化检测结果

根据 6.2.3 节的方法，利用生态地理分区知识库对分类后的变化斑块进行离线伪变化检测。在 182334 个变化斑块中，共识别出 88698 个可能的虚假变化斑块，其中利用的规则包括从遥感解译专家处收集到的较为通用的规则及通过表 6.6 统计得到的相同类型转换及各个生态地理分区中转换概率小于 0.0001 的转换类型及自身转换为自身类型的图斑。

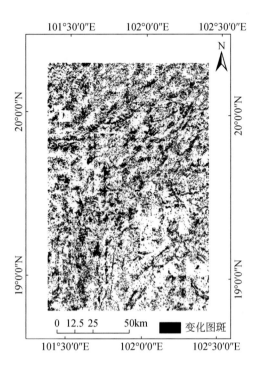

图 6.12　协同分割变化检测图斑

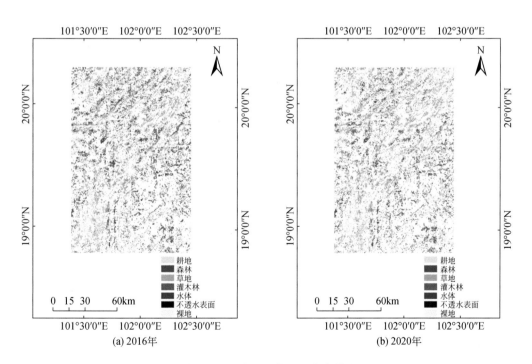

(a) 2016年　　　　　　　　　　　　　　　　　　　(b) 2020年

图 6.13　研究区变化图斑分类结果

表6.8列出了用于识别伪变化的一般的伪变化规则。这些规则是生态地理分区知识库第三层中存储的伪变化规则，即IM01大生态区划规则，因为本研究中的所有生态地理分区都位于IM01生态区。置信度水平越高，就越有可能是虚假的改变，这里取出了置信度大于0.7的规则，识别出的伪变化图斑数量见表6.9。

表6.8　IM01部分本研究中采用的生态地理分区伪变化

生态区划	规则（A→B）	置信度
IM01	水体—森林	0.8
	人造地表—森林	0.9
	裸地—森林	0.7
	耕地—森林	0.8

大部分识别出的伪变化为前后类型相同的变化图斑，对研究区同类型转化的变化斑块数量进行统计，见表6.9。

表6.9　地表覆盖可能的伪变化图斑统计

生态地理分区	规则来源	地表覆盖转化类型	变化图斑数量/个
IM01	来自解译专家	水体—森林	11
		人造地表—森林	4
		裸地—森林	252
		耕地—森林	2056
	来自地表覆盖产品统计–不可能变化类型	耕地—耕地	12511
		森林—森林	33609
		灌木林—灌木林	23464
		草地—草地	8682
		水体—水体	707
		人造地表—人造地表	764
		裸地—裸地	211
IM0121	来自地表覆盖产品统计-小概率事件	耕地—草地	960
		森林—草地	3634
		灌木林—草地	1679
		人造地表—草地	9
		耕地—裸地	3
		森林—裸地	81
IM0137		草地—裸地	31
		灌木林—裸地	29
		水体—裸地	1
总计/个			88698

　　从表 6.5 和表 6.6 的统计可以看出，森林和灌木林所占的比例最大。在各个生态地理分区中，林、灌的自转化率也很高，这意味着林、灌很难转化为其他类型。基于此，我们认为图像变化检测得到的变化图斑受到各种伪变化原因的干扰，虽然已经检测到图像的变化，但实际变化的可能性很小。因此，认为森林到森林和灌木林到灌木林的转换是虚假的变化斑块。由于水体、人造地表和裸地的自身转化率较高，且所占比例较小，这 3 种地表覆盖类型没有变化的变化图斑被认为是虚假变化。

　　其余两类地表覆盖自转化变化斑块（即耕地—耕地、草地—草地）可能是虚假变化，也可能是真实变化，具有很大的不确定性。如果直接任意地将其视为伪变化，则可能包含一些错误的判断，从而降低了变化检测的准确性。因此，这两类具有不确定性的变化图斑是下一步通过网络众源方式发布的图斑。此外，统计地表覆盖产品得到的发生概率很小的地表覆盖转换类型，其发生概率虽小，但也可能存在，不能武断地认为是伪变化，这部分图斑也进行了发布。发布图斑总数为 27620 个，约占检测到的总变化斑块数的 15%。

　　最终，图 6.14 （a）为通过生态地理分区知识库的规则发现的伪变化图斑共 61078 个，删除掉这些图斑后，共保留了 121256 个变化斑块。图 6.14 （b）~（e）分别为森林—森林、草地—草地、耕地—耕地和灌木林—灌木林的变化图斑。

6.4.3　在线众源伪变化标注和数据挖掘结果

　　可能的伪变化图斑发布，经过一段时间后，全部 27620 个图斑均收到志愿者的标注信息。

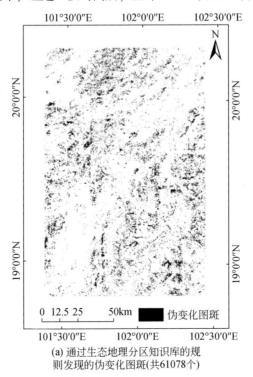

(a) 通过生态地理分区知识库的规
则发现的伪变化图斑(共61078个)

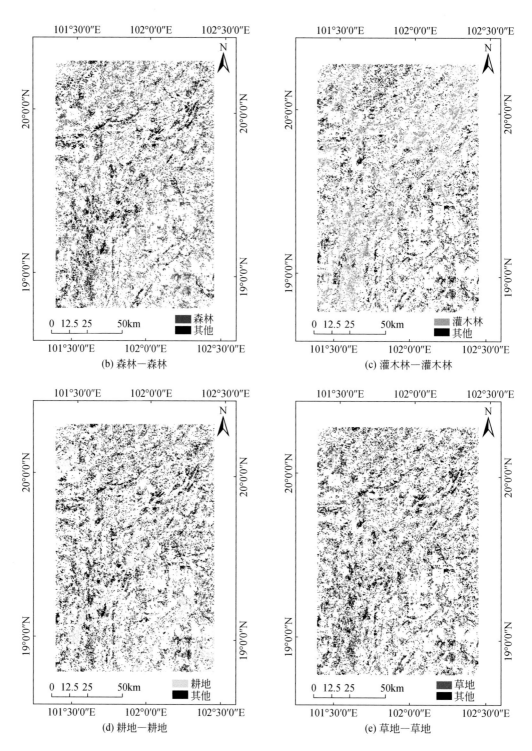

图 6.14　生态地理分区知识库识别出的伪变化图斑图

计算结果的含义是权威值越高的图斑伪变化程度越高，而枢纽值越高的用户越倾向于判断出伪变化，以此实现对众源伪变化评分的综合处理。图 6.15 为结果示例，包括变化图斑编号和伪变化程度值，即权威值。由于经过了规范化处理，结果中权威值的范围在 1～2.3，通过观察，权威值大于 1 的图斑定义为伪变化，共 8608 个图斑，在结果中去除。

图斑编号	伪变化程度
13317	1
14779	1
13643	1
3456	1
9166	1.4142
14713	1
7041	1
14882	1
667	1
7020	1.4108
8077	1
1325	1
3517	1.4142
3877	1
7988	1
204	1
956	1
1	1
13310	1
3706	1.4
3436	1.022
12540	1

图 6.15　在线众源计算结果示例

6.4.4　精度评价

利用谷歌地球（Google Earth）地图上的高分辨率图像直观地判断伪变化检测的正确性。在实验区共选取了 107 个伪变样本，约占伪变样本总数的 1.5%。结果如表 6.10 所示，实验区伪变化判断正确率为 97.20%。

表 6.10　伪变化图斑的正确率

	样本个数/个	正确的伪变化个数/个	正确率/%
实验区	107	104	97.20

谷歌地球地图的观测表明，在地理生态区，湿地向森林的转化类型几乎不存在。但是，由于两幅图像的色调存在较大差异，容易出现误分类，通过地理生态区划去伪变系统可以识别出这种伪变化。

利用混淆矩阵分析方法验证了去除伪变后的变化检测的准确性。在变化检测结果图中，选取了多个变化点和不变的斑块样本点，并利用谷歌地球图的高分辨率图像直观判断结果的正确性。

　　本研究以协同分割变化检测结果为依据，将变化图斑和未变化图斑的面矢量文件利用ArcGIS中的转换工具转成点文件，再在ArcGIS中进行随机选取，在检测出的变化点中选取286个、未变化点中选择302个，验证点分布如图6.16所示。

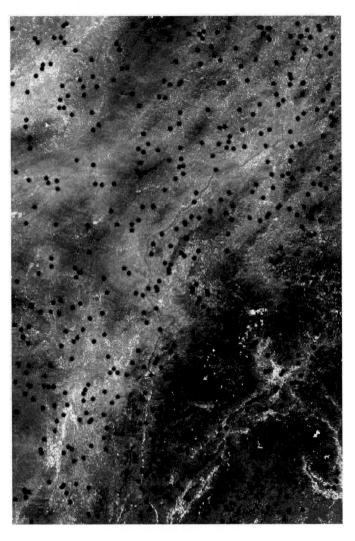

图6.16　精度验证点

　　采样点的解译参照了谷歌地球地图上时间相似的高分辨率图像。表6.11为实验区超像素协同分割变化检测后的混淆矩阵，表6.12显示了去除实验区域中伪变图斑后的混淆矩阵。表6.11的结果表明，在586个采样点中，278个样本点不变、308个为变化点。总体精度仅为66.72%，说明过度变化检测现象明显。以上结果表明，影响变化检测精度的主要因素是将没有变化图斑识别为变化图斑，即出现大量的伪变化。表6.12显示，消除伪变化后，大量的地表覆盖类型未变化图斑消除掉，总体精度提高23%。

表 6.11 原始变化检测混淆矩阵表

T_2 \ T_1	变化图斑/个	未变化图斑/个	总和/个
变化图斑/个	113	195	308
未变化图斑/个	0	278	278
总和/个	113	473	586
总体精度/%	66.72		
KIA	0.3548		

表 6.12 删除伪变化图斑后混淆矩阵表

T_2 \ T_1	变化图斑/个	未变化图斑/个	总和/个
变化图斑/个	99	41	140
未变化图斑/个	14	432	446
总和/个	113	473	586
总体精度/%	90.61		
KIA	0.7236		

6.5 讨 论

在遥感图像变化检测中，如何确定变化是一个必须考虑的重要问题。如果不同时相的影像上存在光谱的变化，这是一种地表覆盖的变化吗？确定变化的含义对于变化检测的算法设计和精度验证具有重要意义。变化的定义与变化检测的应用直接相关。在 Benedek 和 Szirányi（2009）的研究中，数据集将以下差异视为相关变化：①新建城区，②建筑施工，③种植大批树木，④新的耕地，以及⑤重建前的基础工作。由于本研究中变化检测的目的是为了地表覆盖产品的后续更新，"变化"定义为如表 6.1 所示的地表覆盖类型之间的变化，图像中的变化并不直接代表地表覆盖类型的变化。例如，河流浑浊度的变化、耕地收割前后的光谱差异、灌木、草地和森林密度的变化都会引起光谱差异，但地表覆被类型没有变化。本书旨在通过生态地理分区知识库和在线众包注记方法来消除这种虚假变化。

在研究区域内随机选择两个地点进行分析，图 6.17 显示了研究区域内的两个地块，（b）和（c）是 2016 年 2 月和 2020 年 2 月的区域 1 谷歌地球图像；（d）和（e）是 2016 年 2 月和 2020 年 2 月的区域 1 GF-1 图像；（f）和（g）是去除伪变化前、后区域 1 的变化图斑，通过两幅图的对比可以看出，由于物候的原因，在 2016 年的图中，河流两岸的一些耕地地块是绿色的，但在 2020 年的图中变成了裸地的颜色，这些虚假的变化被识别并消除了，另一个例子也有类似的现象；（h）和（i）是 2016 年 2 月和 2020 年 2 月的区域 2 谷歌地球图像；（j）和（k）是 2016 年 2 月和 2020 年 2 月的区域 2 GF-1 图像；（l）和

（m）去除伪变化前、后区域 2 的变化图斑，通过两幅图像的对比可以看出，由于物候的原因，2016 年江岸部分耕地在图像中相对裸露、2020 年变绿，2016 年森林相对密集、2020 年稀疏，GF-1 图像色差较大。

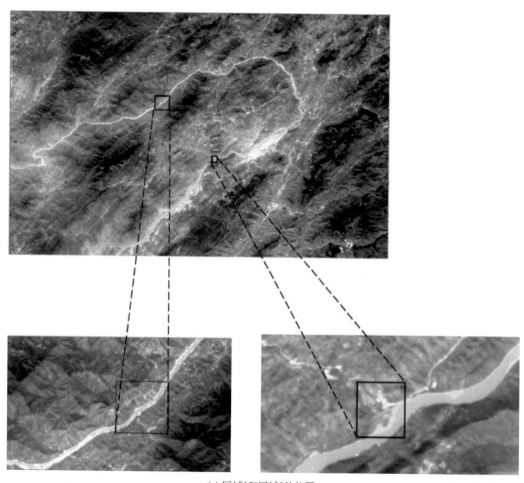

(a) 区域1和区域2的位置

(b) 2016年2月区域1谷歌地球图像

(c) 2020年2月区域1谷歌地球图像

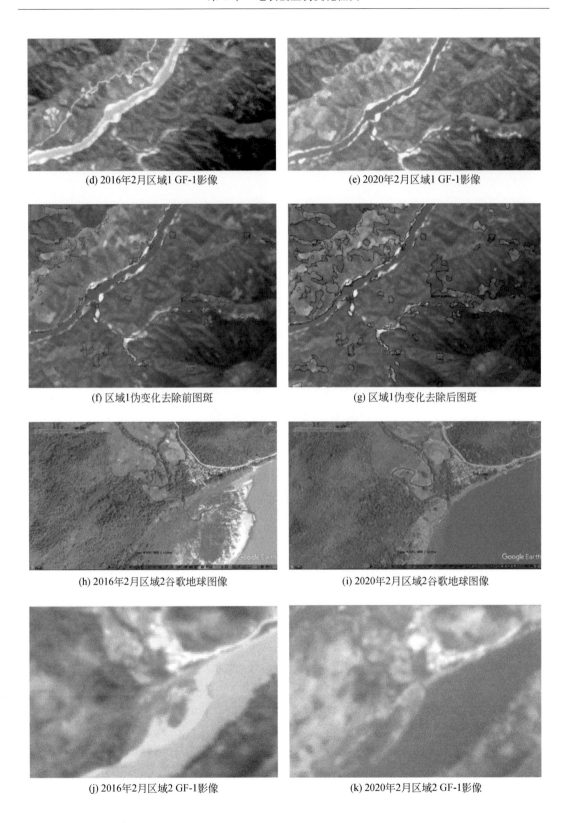

(d) 2016年2月区域1 GF-1影像　　　　　　　　　　　　(e) 2020年2月区域1 GF-1影像

(f) 区域1伪变化去除前图斑　　　　　　　　　　　　(g) 区域1伪变化去除后图斑

(h) 2016年2月区域2谷歌地球图像　　　　　　　　　　(i) 2020年2月区域2谷歌地球图像

(j) 2016年2月区域2 GF-1影像　　　　　　　　　　　　(k) 2020年2月区域2 GF-1影像

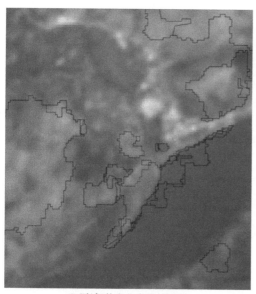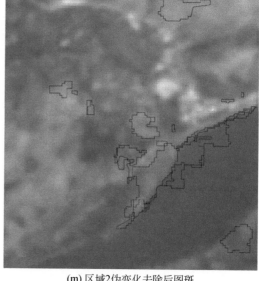

(l) 区域2伪变化去除前图斑　　　　　　　　　　　　(m) 区域2伪变化去除后图斑

图 6.17　研究区域内随机两个区域分析图

6.6　结论与展望

针对遥感影像分类和变化检测中存在的问题，提出了一种基于生态地理分区知识库和在线众源数据挖掘的伪变化识别方法。实验结果表明，剔除伪变化后，变化检测的准确率可提高达 20%，证明该方法对提高变化检测的准确率是可行和有效的，对地表覆盖更新具有一定的实际意义。

伪变化的识别依赖于生态地理分区知识库中收集的规则。本研究采用两种方法，即解译专家的主观知识和地表覆盖产品统计知识。目前，规则的表达是较为绝对的，未来，规则的表达将被置信度所取代。人工智能还可以用来从数据中挖掘规则，提高搜索的完整性和准确性。

针对常规地表更新覆盖方式中的不足之处，基于众源数据的伪变化地物图斑检测平台能够利用网络用户自愿分享的经验及知识对变化图斑进行伪变化程度值的评价，并在基于加权的伪变化检测 HITS 算法基础上，结合 WebGIS、MVC 框架、POSTGRESQL 数据存储、SPARK 数据并行处理等技术，实现了基于众源地理数据伪变化地物图斑检测平台。

由于选取的老挝实验区具有复杂的地表覆盖特征，地表覆盖变化频繁，斑块细碎，对变化检测具有挑战性。通过实例可以看出本方法仍存在一些不足。高分一号卫星影像由于几何局部变形的问题，导致两期影像配准误差较大，很多位置有大约两个像素的配准误差，导致了很多伪变化的产生。其中有一部分通过本书的方法得以消除，但仍存在大量此类误差。需要从源头上解决高分一号影像的几何纠正问题，从而提高变化检测的精度。

　　生态地理分区知识库去除伪变化图斑的规则是建立在对变化图斑正确分类的基础上，但自动分类的方法的精度是有限的，分类的错误会给伪变化的识别造成影响，使得一些真正的变化被去掉，而伪变化得不到正确地识别，技术路线还需要改进以限定分类错误对方法的影响。

　　众源数据挖掘的方法依赖于足够数量的志愿者的参与，像老挝这样的落后国家参与的志愿者数量有限，使得众源数据挖掘在整体技术路线中的作用较小，对变化检测精度的提升贡献不足。

参 考 文 献

安杨,边憩苤,关佑红. 2004. 基于 Ontology 的网络地理信息服务描述与发现,武汉大学学报(信息科学版),29(12):1063~1066

北京市规划和国土资源管理委员会,北京市质量技术监督局. 2018. 地理国情信息内容与指标(DB 11/T 1441—2017)

蔡博文,王树根,王磊,等. 2019. 基于深度学习模型的城市高分辨率遥感影像不透水面提取. 地球信息科学学报,21(9):1420~1429

陈畅,刘永坚,解庆. 2018. 融合纹理特征的 SEEDS 超像素分割算法. 微电子学与计算机,35(3):64~67

陈二静,姜恩波. 2017. 文本相似度计算方法研究综述. 数据分析与知识发现,1(6):1~11

陈建军,周成虎,王敬贵. 2006. 地理本体的研究进展与分析,地学前缘,13(3):82~90

陈军,陈晋,宫鹏,等. 2011. 全球地表覆盖高分辨率遥感制图. 地理信息世界,9(2):12~14

陈军,陈晋,廖安平,等. 2014. 全球 30m 地表覆盖遥感制图的总体技术. 测绘学报,(6):551~557

陈军,陈晋,廖安平,等. 2016. 全球地表覆盖遥感制图. 北京:科学出版社

陈军,廖安平,陈晋,等. 2017. 全球 30m 地表覆盖遥感数据产品——GlobeLand30. 地理信息世界,24(1):1~8

陈旭. 2017. 全球生态地理分区知识库的构建与应用. 北京:北京建筑大学硕士学位论文

陈永富,王振琴. 1996. 专家系统在 TM 遥感图像分类中的应用研究. 林业科学研究,9(4):344~347

崔巍. 2004. 用本体实现地理信息系统语义集成和互操作. 武汉:武汉大学博士学位论文

邓连瑾. 2008. 基于 OWL 的本体整合技术的研究. 天津:天津理工大学硕士学位论文

傅伯杰,刘国华,陈利顶,等. 2001. 中国生态区划方案. 生态学报,21(1):1~6

甘淑,袁希平,何大明. 2003. 遥感专家分类系统在滇西北植被信息提取中的应用试验研究. 云南大学学报自然科学版,25(6):553~557

高程程,惠晓威. 2010. 基于灰度共生矩阵的纹理特征提取. 计算机系统应用,19(6):195~198

宫鹏. 2009. 遥感科学与技术中的一些前沿问题. 遥感学报,13(1):13~23

顾海燕. 2015. 遥感影像地理本体建模驱动的对象分类技术. 武汉:武汉大学博士学位论文

郭汝梦. 2014. 克里格插值. 中国电子商情:科技创新,(6):102

韩程程,李磊,刘婷婷,等. 2020. 语义文本相似度计算方法. 华东师范大学学报,213(5):104~121

何娟,高志强,陆青健,等. 2006. 基于词汇相似度的元素级本体匹配. 计算机工程,32(16):185~187

侯学煜. 1988. 中国自然生态区划与大农业发展战略. 北京:科学出版社

胡宝清. 2010. 模糊理论基础. 武汉:武汉大学出版社

胡芳槐. 2015. 基于多种数据源的中文知识图谱构建方法研究. 上海:华东理工大学博士学位论文

黄昕. 2009. 高分辨率遥感影像多尺度纹理、形状特征提取与面向对象分类研究. 武汉:武汉大学博士学位论文

江泓. 2013. 面向临床路径数据交换的本体库设计. 杭州:浙江大学硕士学位论文

姜华,韩安琪,王美佳,等. 2014. 基于改进编辑距离的字符串相似度求解算法. 计算机工程,40(1):222~227

剌怡璇. 2020. 生态分区耦合地学统计改善 GlobeLand30 数据精度研究. 北京:北京建筑大学硕士学位论文

李爱生,黄铁侠,柳健. 1992. 基于知识的遥感图像分类系统. 华中科技大学学报(自然科学版),14:29~36

李德仁. 2016. 展望大数据时代的地球空间信息学. 测绘学报,45(4):379~384

李德仁,李熙. 2015. 论夜光遥感数据挖掘. 测绘学报,44(6):591~601

李德仁,钱新林. 2010. 浅论自发地理信息的数据管理. 武汉大学学报(信息科学版),35(4):379~383

李军利,何宗宜,柯栋梁,等. 2014. 一种描述逻辑的地理本体融合方法. 武汉大学学报,39(3):317~321

李明峰,蔡炜珩. 2019. NPP/VIIRS 多时相夜光遥感影像校正方法. 测绘通报,(7):122~126

李荣,杨冬,刘磊. 2011. 基于本体的概念相似度计算方法研究. 计算机研究与发展,(S2):312~317

李玮娜. 2013. 基于遥感技术的城市不透水面信息的提取应用. 太原:中北大学硕士学位论文

李卫东. 2006. 美国的森林资源及其利用现状. 世界林业研究,19(4):61~64

刘纪平,栗斌,石丽红等. 2011. 一种本体驱动的地理空间事件相关信息自动检索方法,测绘学报,40(4):502~508

刘建伟,刘媛,罗雄麟. 2014. 深度学习研究进展. 计算机应用研究,31(7):1921~1930,1942

刘天福,陈学泓,董琪,等. 2019. 深度学习在 GlobeLand30-2010 产品分类精度优化中应用研究. 遥感技术与应用,34(4):685~693

刘亚静. 2014. 非层状矿体空间构模与数据存储关键技术研究. 武汉:武汉大学出版社

陆四海. 2014. 灰色理论与概率论和模糊理论对比分析. 第25届全国灰色系统会议

罗元,王薄宇,陈旭. 2020. 基于深度学习的目标检测技术的研究综述. 半导体光电,41(1):4~13

裴培,丁雪晶. 2020. 基于本体的语义相似度计算综述. 合肥学院学报(综合版),37(5):68~74

彭雨滕,马林兵,周博,等. 2018. 自发地理信息研究热点分析. 世界地理研究,27(1):129~140

秦鹏. 2010. 基于 WordNet 的本体匹配关键技术研究与实现. 上海:华东师范大学硕士学位论文

沈大勇,杨井源. 2013. 地表覆盖解译及应用研究. 测绘,36(6):249~252

宋光慧. 2017. 基于迁移学习与深度卷积特征的图像标注方法研究. 杭州:浙江大学博士学位论文

宋金易慧,崔亮伟,肖文. 2011. 土地利用和土地覆盖变化研究综述. 安徽农业科学,39(19):11862~11863

宋梦龙,张海龙,张鹏,等. 2016. 高分一号卫星遥感数据测试分析. 内蒙古科技与经济,(2):84~86

宋有聪. 2013. 基于本体知识地图构建方法的研究. 长沙:湖南大学硕士学位论文

孙丽莉,张小刚. 2017. 基于 WordNet 的概念语义相似度的计算方法. 统计与决策,(23):79~82

孙扬. 2019. 基于超像素协同分割的遥感影像变化检测方法. 北京:北京建筑大学硕士学位论文

孙扬,朱凌,修田雨. 2018. 基于国产卫星影像的协同分割变化检测. 北京建筑大学学报,34(4):21~27

孙志军,薛雷,许阳明,等. 2012. 深度学习研究综述. 计算机应用研究,29(8):2806~2810

邰建豪. 2017. 深度学习在遥感影像目标检测和地表覆盖分类中的应用研究. 武汉:武汉大学博士学位论文

谭永滨,李霖,王伟,等. 2013. 本体属性的基础地理信息概念语义相似性计算模型. 测绘学报,42(5):782~789

田萱,王亮,孟祥光. 2019. 基于深度学习的图像语义分割技术. 北京:海洋出版社

王春瑶,陈俊周,李炜. 2014. 超像素分割算法研究综述. 计算机应用研究,31(1):6~12

王晨巍,王晓君. 2016. 高分遥感卫星影像的预处理技术. 电子技术与软件工程,(24):122~123

王昊奋,漆桂林,陈华钧. 2020. 知识图谱:方法、实践与应用. 自动化博览,37(1):7

王洁,张增祥,张委伟. 2012. 基于生态地理分区的5套土地利用/覆盖数据的不确定性研究. 遥感技术与应用,27(6):865~872

王蕾,骆有庆,张晓丽,等. 2008. 遥感技术在森林病虫害监测中的应用研究进展. 世界林业研究,21(5):37~43

王守成,郭风华,傅学庆,等. 2014. 基于自发地理信息的旅游地景观关注度研究——以九寨沟为例. 旅游学刊,29(2):84

卫玄烨. 2020. 利用时间序列影像进行地表覆盖产品更新. 北京:北京建筑大学硕士学位论文

肖东升,杨松. 2019. 基于夜间灯光数据的人口空间分布研究综述. 国土资源遥感,31(3):10～19

肖好良. 2015. 基于专家知识分类法的不同遥感影像分类方法研究. 城市建设理论研究:电子版,(22):
　　5230～5232

肖好良. 2015. 基于专家知识分类法的不同遥感影像分类方法研究. 城市建设理论研究,(22):5230～5232

谢锦莹. 2019. 基于全卷积神经网络结合面向对象的滨海湿地植被遥感动态监测. 杭州:浙江农林大学硕
　　士学位论文

谢天. 2018. 基于长时间序列夜光遥感数据的黑龙江省 GDP 预测模型研究. 哈尔滨:哈尔滨工业大学硕士
　　学位论文

谢振雷. 2017. 基于协同分割的遥感图像变化检测. 北京:北京建筑大学硕士学位论文

徐绪堪,楼昱清,于成成. 2019. 基于 D-S 理论的突发事件多源数据可信度评估研究. 情报理论与实践,
　　42(8):67～72

严则金,庞春梅. 2021. 基于共词分析的我国健康信息服务研究本体构建. 情报探索,(1):10～20

杨彬. 2019. 基于深度学习的高分辨率遥感影像变化检测. 北京:中国矿业大学硕士学位论文

杨典华,邓磊,袁德阳,等. 2011. 一种基于本体的多源遥感数据集成系统. 微计算机信息,27(8):28～30

杨小晴. 2011. 基于增量信息的地表覆盖数据更新方法研究. 长沙:中南大学硕士学位论文

俞乐,王杰,李雪草,等. 2014. 基于多源数据集成的多分辨率全球地表覆盖制图. 中国科学:地球科学,
　　44(8):1646～1660

袁敏,肖鹏峰,冯学智,等. 2015. 基于协同分割的高分辨率遥感图像变化检测. 南京大学学报(自然科学),
　　51(5):1039～1048

张安定. 2016. 遥感原理与应用题解. 北京:科学出版社

张德海,赵航,王乃尧,等. 2018. 基于认知算法的中文本体自动构建工具研究与实现. 云南民族大学学报
　　(自然科学版),27(3):234～242

张克亮,李芊芊. 2019. 基于本体的语义相似度计算研究. 郑州大学学报,51(2):55～62

张良培,武辰. 2017. 多时相遥感影像变化检测的现状与展望. 测绘学报,46(10):1447～1459

张萌萌. 2008. 基于本体和 XML 的异构数据集成研究. 济南:山东师范大学硕士学位论文

张双益,胡非. 2017. GlobeLand30 地表覆盖产品应用于精细化风能资源评估. 资源科学,39(1):125～135

张小红. 2018. 整合全球地表覆盖产品细化 GlobeLand30 林地类型. 北京:北京建筑大学硕士学位论文

张晓平. 2015. 几种新超像素算法的研究. 控制工程,22(5):902～907

张莹. 2014. 地理本体的研究—研究进展与应用. 测绘标准化,30(2):24～27

张悦,徐永明,熊文成,等. 2019. 夜间光污染的遥感监测及防治措施浅析. 环境监控与预警,11(5):
　　108～112

赵龙,刘久荣,王荣,等. 2017. 北京宋庄地裂缝分布特征及成因分析. 上海国土资源,38(2):35～38

郑伟,曾志远. 2004. 遥感图像大气校正方法综述. 遥感信息,(4):66～70

周飞燕,金林鹏,董军. 2017. 卷积神经网络研究综述. 计算机学报,40(6):1229～1251

周健民,沈仁芳. 2013. 土壤学大辞典. 北京:科学出版社

周开利,康耀红. 2005. 神经网路模型机器 Matlab 仿真程序设计. 北京:清华大学出版社

周莉莉,姜枫. 2017. 图像分割方法综述研究. 计算机应用研究,34(7):1921～1928

周卫阳. 1989. 专家系统在森林遥感图像分类中的应用. 林业科学研究,4(5):77～82

朱春宇. 2020. 基于卷积神经网络的高分辨率遥感影像变化检测. 长春:吉林大学硕士学位论文

朱凌,贾涛,石若明. 2020. 全球地表覆盖产品更新与整合. 北京:科学出版社

诸云强,潘鹏. 2019. 地理空间数据本体概念、技术方法与应用. 北京:科学出版社

Abadi M, Barham P, Chen J, et al. 2016. TensorFlow: a system for large-scale machine learning. USENIX Association. http://arxiv.org/licenses/nonexclusive-distrib/1.0

Agarwal P. 2005. Ontological considerations in GIScience. Internatonal Journal of Geographical information Science,19:501~536

Ahlqvist O. 2012. Semantic issues in land-cover analysis:Representation,analysis,and visualization. In:Giri C P (ed). Remote Sensing of Land Use and Land Cover. Boca Raton:CRC Press:25~35

Anderson J R,Hardy E E,Roac J T,et al. 1976. A Land Use and Land Cover Classification System for Use with Remote Sensing Data. Washington DC:US Geological Survey Professional Paper

Arino O, Ramos Perez J J, Kalogirou V, et al. 2012. Global land cover map for 2009 (GlobCover 2009). (European Space Agency(ESA)& UniversitÈ catholique de Louvain(UCL),doi:10.1594/PANGAEA.787668

Arnold C L,Gibbons C J. 1996. Impervious surface coverage:the emergence of a key environmental indicator. Journal of the American Planning Association,62(2):243~258

Arnold S,Kosztra B,Banko G,et al. 2013. The EAGLE concept—a vision of a future European Land Monitoring Framework. Matera:EARSeL Symposium "Towards Horizon 2020",551~568

Arvor D,Belgiu M,Falomir Z,et al. 2019. Ontologies to interpret remote sensing images:why do we need them. GIScience & Remote Sensing,56:1~29

Bailey R G. 1983. Delineation of ecosystem regions. Environmental Management,7(4):365~373

Bailey R G. 1989. Explanatory supplement to ecoregions map of the continents. Environmental Conservation, 16(4):307~309

Bailey R G. 2004. Identifying ecoregion boundaries. Environmental Management,34(1):S14~S26

Bailey R G, Hogg H C. 1986. A world ecoregions map for resource reporting. Environmental Conservation, 13(3):195

Bartholome E,Belward A S. 2005. GLC2000:a new approach to global land cover mapping from Earth observation data. International Journal of Remote Sensing,26(9):1959~1977

Batet M,Sánchez D, Valls A. 2011. An ontology-based measure to compute semantic similarity in biomedicine. Journal of Biomedical Informatics,44(1):118~125

Bicheron P,Defourny P,Brockmann C,et al. 2011. GlobCover-products description and validation report. Foro Mundial De La Salud,17(3):285~287

Birchenhall C. 1994. Numerical recipes in C:the art of scientific computing. The Economic Journal,104(424): 725~726

Bishr M, Mantelas L. 2008. A trust and reputation model for filtering and classifying knowledge about urban growth. GeoJournal,72:229~237

Boentje J P,Blinnikov M S. 2007. Post-Soviet forest fragmentation and loss in the Green Belt around Moscow, Russia (1991—2001):a remote sensing perspective. Landscape & Urban Planning,82(4):208~221

Bontemps S, Boettcher M, Brockmann C, et al. 2015. Multi-year global land cover mapping at 300 m and characterization for climate modelling:achievements of the land cover component of the ESA climate change initiative. ISPRS-International Archives of the Photogrammetry,Remote Sensing and Spatial Information Sciences

Bontemps S,Defourny P,Bogaert E V. 2020. GlobCover—products description and validation report. https:// epic.awi.de [2020-11-22]

Bontemps S,Defourny P,Van Bogaert E,et al. 2011. GlobCover 2009:products description and validation report: UCLouvain and ESA. https://epic.awi.de/id/eprint/31014/16/GLOBCOVER2009_Validation_Report_2-2. pdf [2021-05-19]

Bontemps S, Langner A, Defourny P. 2012. Monitoring forest changes in Borneo on a yearly basis by an object-based change detection algorithm using SPOT-VEGETATION time series. International Journal of Remote Sensing, 33(15):4673~4699

Brown de Colstoun E C, Huang C, Wang P, et al. 2017. Global man-made impervious surface (GMIS) dataset from Landsat. Palisades, NY: NASA Socioeconomic Data and Applications Center (SEDAC). https://doi.org/10.7927/H4P55KKF

Brown J F, Tollerud H J, Barber C P, et al. 2019. Lessons learned implementing an operational continuous United States national land change monitoring capability: the land change monitoring, assessment, and project (LCMAP) approach. Remote Sensing of Environment, 238(12):11356

Bruin S D. 2000. Predicting the areal extent of land-cover types using classified imagery and geostatistics. Remote Sensing of Environment, 74(3):387~396

Burrough P A. 1986. Principles of Geographical Information Systems for Land Resources Asessment. Oxford: Oxford University Press

Carle S F, Fogg G E. 1997. Modeling spatial variability with one- and multi-dimensional continuous Markov chains. Mathematical Geology, 29:891~918

Carpenter S R, DeFries R, Dietz T, et al. 2006. Millennium ecosystem assessment: research needs. Science, 314:257~258

Carvalho J, Soares A, Bio A. 2006. Improving satellite images classification using remote and ground data integration by means of stochastic simulation. International Journal of Remote Sensing, 27(16):3375~3386

Carver S, Evans A, Kingston R, et al. 2001. Public participation, GIS, and cyberdemocracy: evaluating on-line spatial decision support systems. Environment & Planning B Planning & Design, 28(6):907~921

Cayuela L, González-Espinosa M, Ramírez-Marcial N F. 2006. Disturbance and tree diversity conservation in tropical montane forests. Journal of Applied Ecology, 43(6):1172~1181

Chen G, Hay G J, Carvalho L, et al. 2012. Object-based change detection. International Journal of Remote Sensing, 33:4434~4457

Chen J, Ban Y, Li S. 2015a. China: open access to Earth land-cover map. Nature, 514(7523):434

Chen J, Cao X, Peng S, et al. 2017. Analysis and applications of GlobeLand30: a review. ISPRS International Journal of Geo-Information, 6(8):230

Chen J, Chen J, Liao A, et al. 2015b. Global land cover mapping at 30 m resolution: a POK-based operational approach. ISPRS Journal of Photogrammetry & Remote Sensing, 103:7~27

Chen J, Miao L, Chen X, et al. 2013. A spectral gradient difference based approach for land cover change detection. ISPRS Journal of Photogrammetry & Remote Sensing, 85:1~12

Civco D. 1989. Knowledge-based land use and land cover mapping. Proceedings, Annual Convention of American Society for Photogrammetry and Remote Sensing, 3:276~291

Csurka G, Perronnin F. 2011. An efficient approach to semantic segmentation. International Journal of Computer Vision, 95(2):198~212

Comber A J, Law A N R, Lishman J R. 2004. A comparison of Bayes', Dempster-Shafer and Endorsement theories for managing knowledge uncertainty in the context of land cover monitoring. Computers, Environment and Urban Systems, 28:311~327

Corbane C, Syrris V, Sabo F, et al. 2020. Convolutional neural networks for global human settlements mapping from Sentinel-2 satellite imagery. Neural Computing and Applications, 33:6697~6720

Corresponding P A. 2005. Ontological considerations in GIScience. International Journal of Geographical

Information Science,19:501~536

Clarke K C,Hoppen S,Gaydos L. 1997. A self-modifying cellular automaton model of historical urbanization in the San Francisco Bay area. Environment and Planning B,24:247~261

Defries R S,Townshend J R G. 1999. Global land cover characterization from satellite data:from research to operational implementation. Global Ecology and Biogeography,8(5):367~379

Di Gregorio A,O'Brien D. 2012. Overview of Land-Cover Classifications and Their Interoperability. Boca Raton: CRC Press

Digiuseppe N,Pouchard L,Noy N. 2014. SWEET ontology coverage for earth system sciences. Earth Science Informatics,7(4):249~264

Dinits E A. 1970. Algorithm for solution of a problem of maximum flow in networks with power estimation. Soviet Math Doklady,11:754~757

Doan A H,Madhavan J,Dhamankar R,et al. 2003. Learning to match ontologies on the semantic web. VLDB Journal,12(4):303~319

Dobson M C,Pierce L E,Ulaby F T. 1996. Knowledge-based land-cover classification using ERS-1/JERS-1 SAR composites. IEEE Transactions on Geoscience & Remote Sensing,34(1):83~99

Dwyer J L,Roy D P,Sauer B,et al. 2018. Analysis ready data:Enabling analysis of the landsat archive. Remote Sensing,10(9),DOI:10. 3390/rs10091363

Ekaputra F J,Sabou M,Serral E,et al. 2017. Ontology-based data integration in multi-disciplinary engineering environments. Open Journal of Information Systems,4(1):1~26

Erickson W K,Likens W C. 1984. An application of expert systems technology to remotely sensed image analysis. IEEE 1984 PECORA IX Symposium,258~276

Fan W,Wu C,Jin W. 2019. Improving impervious surface estimation by using remote sensed imagery combined with open street map points-of-interest (POI) data. IEEE Journal of Selected Topics in Applied Earth Observations and Remote Sensing,99

Feick R,Roche S. 2013. Understanding the Value of VGI. Dordrecht:Springer

Ford L, Fulkerson D. 1962. Flows in networks. In: Sui D, Elwood S, Goodchild M (eds). Crowdsourcing Geographic Knowledge:Volunteered Geographic Information (VGI) in Theory and Practice. Dordrecht:Springer: 15~29

Forestier G, Wemmert C, Puissant A. 2013. Coastal image interpretation using background knowledge and semantics. Computers Geosciences,54:88~96

Frank R. 1960. Perceptron simulation experiments. Proceedings of the IRE,48(3):301~309

Friedl M A,McIver D K,Hodges J C F,et al. 2002. Global land cover mapping from MODIS:algorithms and early results. Remote Sensing of Environment,83:287~302

Friedl M A, Muchoney D, McIver D,et al. 2000. Characterization of North American land cover from NOAA-AVHRR data using the EOS MODIS land cover classification algorithm. Geophysical Research Letters,27: 977~980

Friedl M A,Sulla-Menashe D,Tan B,et al. 2010. MODIS Collection 5 global land cover:algorithm refinements and characterization of new datasets. Remote Sensing of Environment,114(1):168~182

Giri C P. 2012. Remote Sensing of Land Use and Land Cover:Principles and Applications. Boca Raton:CRC Press:253~365

Giri C P, Pengra B, Long J, et al. 2013. Next generation of global land cover characterization, mapping, and monitoring. International Journal of Applied Earth Observation & Geoinformation,25(1):30~37

Giri C P, Zhu Z, Reed B. 2005. A comparative analysis of the Global Land Cover 2000 and MODIS land cover data sets. Remote Sensing of Environment, 94(1):123 ~ 132

Goergen M T. 2007. The State of America's Forests. Journal of Forestry, 105(1):229

Gong P. 2020. Mapping essential urban land use categories in china(EULUC-China): preliminary results for 2018. Science Bulletin, 65:182 ~ 187

Gong P, Li X, Wang J, et al. 2020. Annual maps of global artificial impervious area(GAIA) between 1985 and 2018. Remote Sensing of Environment, 236:111510

Gong P, Liu H, Zhang M, et al. 2019. Stable classification with limited sample: transferring a 30-m resolution sample set collected in 2015 to mapping 10-m resolution global land cover in 2017. Science Bulletin, 64(6): 370 ~ 373

Gong P, Wang J, Yu L, et al. 2013. Finer resolution observation and monitoring of global land cover: first mapping results with Landsat TM and ETM+ data. International Journal of Remote Sensing, 34(7):2607 ~ 2654

Goodchild M F. 2008. Commentary: whither VGI. GeoJournal, 72:239 ~ 244

Goodchild M F, Glennon J A. 2010. Crowdsourcing geographic information for disaster response: a research frontier, International Journal of Digital Earth, 3(3):231 ~ 241

Gorelick N, Hancher M, Dixon M, et al. 2017. Google Earth Engine: planetary-scale geospatial analysis for everyone. Remote Sensing of Environment, 202

Gruber T R. 1993. A translation approach to portable ontology specifications. Knowledge Acquisition, 5(2): 199 ~ 220

Gruber T R. 1995. Toward principles for the design of ontologies used for knowledge sharing. International Journal of Human-Computer Studies, 43(5-6):907 ~ 928

Haklay M. 2013. Citizen science and volunteered geographic information: overview and typology of participation. In: Sui D, Elwood S, Goodchild M(eds). Crowdsourcing Geographic Knowledge. Dordrecht: Springer

Hall M M. 2006. A semantic similarity measure for formal ontologies. Thesis for: Master, Milton Keynes: The Open University

Hansen M C, Defries R S, Townshend J, et al. 2000. Global land cover classification at 1 km spatial resolution using a classification tree approach. International Journal of Remote Sensing, 21(6-7):1331 ~ 1364

He K, Zhang X, Ren S, et al. 2016. Deep residual learning for image recognition. 2016 IEEE Conference on Computer Vision and Pattern Recognition(CVPR), doi:10. 1109/CVPR. 2016. 90

Heine G W. 1986. A controlled study of some two-dimensional interpolation methods. COGS Computer Contributions, 3:60 ~ 72

Herbertson A J. 1905. The major natural regions: an essay in systematic geography. Geographical Journal, 25(3): 300 ~ 310

Herold M, Mayaux P, Woodcock C E, et al. 2008. Some challenges in global land cover mapping: an assessment of agreement and accuracy in existing 1 km datasets. Remote Sensing of Environment, 112(5):2538 ~ 2556

Herold M, See L, Tsendbazar N-E, et al. 2016. Towards an integrated global land cover monitoring and mapping system. Remote Sensing, 8(12):1036

Herold M, Woodcock C E, Gregorio A D, et al. 2006. A joint initiative for harmonization and validation of land cover datasets. IEEE Transactions on Geoscience & Remote Sensing, 44(7):1719 ~ 1727

Hinton G E, Deng L, Yu D, et al. 2012. Deep neural networks for acoustic modeling in speech recognition. IEEE Signal Processing Magazine, 29(6):82 ~ 97

Hinton G E, Osindero S, Teh Y-W. 2006. A fast learning algorithm for deep belief nets. Neural Computation,

18(7):1527~1554

Holdridge L R. 1967. Life Zone Ecology. San Jose, Costa Rica: Tropical Science Center

Homer C, Dewitz J, Yang L, et al. 2015. Completion of the 2011 national land cover database for the conterminous United States—representing a decade of land cover change information. Photogrammetric Engineering Remote Sensing, 81(5):345~354

Hu Y F, Dong Y, Batunacun. 2018. An automatic approach for land-change detection and land updates based on integrated NDVI timing analysis and the CVAPS method with GEE support. ISPRS Journal of Photogrammetry and Remote Sensing, 146:347~359

Huang C Q, Goward S N, Masek J G, et al. 2010. An automated approach for reconstructing recent forest disturbance history using dense Landsat time series stacks. Remote Sensing of Environment, 114:183~198

Huang X, Zhang L, Zhu T. 2013. Building change detection from multitemporal high-resolution remotely sensed images based on a morphological building index. IEEE Journal of Selected Topics in Applied Earth Observations and Remote Sensing, 7(1):105~115

Hudson-Smith A, Batty M, Crooks A, et al. 2009. Mapping for the masses. Social Science Computer Review, 27(4):524~538

Janowicz K. 2010. The role of space and time for knowledge organization on the semantic web. Semantic Web, 1(1-2):25~32

Janowicz K. 2012. Observation-driven geo-ontology engineering. Transactions in GIS, 16(3):351~374

Jansen L J M, Di Gregorio A. 2000. Land Cover Classification System(LCCS): classification concepts and user manual. Rome: FAO Land and Water Development Division

Jensen J R, Cowen D C. 1999. Remote sensing of urban/suburban infrastructure and socioeconomic attributes. Photogrammetric Engineering and Remote Sensing, 65:611~622

Ji L, Peng G, Jie W, et al. 2018. Construction of the 500-m resolution daily global surface water change database (2001—2016). Water Resources Research, 54(4):10270~10292

Jia T, Yu X, Shi W, et al. 2019. Detecting the regional delineation from a network of social media user interactions with spatial constraint: a case study of Shenzhen, China. Physica A: Statistical Mechanics and its Applications, 531:121719

Jin S, Yang L, Danielson P, et al. 2013. A comprehensive change detection method for updating the national land cover database to circa 2011. Remote Sensing of Environment, 132:159~175

John T, Christopher J, Wei L, et al. 1991. Global land cover classification by remote sensing: present capabilities and future possibilities. Remote Sensing of Environment, 35(2-3):243~255

Jun C, Ban Y, Li S. 2014. Open access to Earth land-cover map. Nature, 514:434

Jung M, Henkel K, Herold M, et al. 2006. Exploiting synergies of global land cover products for carbon cycle modeling. Remote Sensing of Environment, 101(4):534~553

Kinoshita T, Iwao K, Yamagata Y. 2014. Creation of a global land cover and a probability map through a new map integration method. International Journal of Applied Earth Observation Geoinformation, 28:70~77

Kozak J, Estreguil C, Vogt P. 2007. Forest cover and pattern changes in the Carpathians over the last decades. European Journal of Forest Research, 126(1):77~90

Krizhevsky A, Sutskever I, Hinton G. 2012. ImageNet Classification with Deep Convolutional Neural Networks. Advances in Neural Information Processing Systems, 25(2), doi:10.1145/3065386

Latifovic R, Pouliot D. 2005. Multitemporalland cover mapping for Canada: methodology and products. Canadian Journal of Remote Sensing, 31:347~363

Le Y, Jie W, Peng G. 2013. Improving 30m global land-cover map FROM-GLC with time series MODIS and auxiliary data sets: a segmentation-based approach. International Journal of Remote Sensing, 34 (15-16): 5851~5867

LeCun Y, Bottou L. 1998. Gradient-based learning applied to document recognition. Proceedings of the IEEE, 86(11):2278~2324

LeCun Y, Boser B, Denker J, et al. 2014. Backpropagation applied to handwritten zip code recognition. Neural Computation, 1(4):541~551

Levenshtein V. 1996. Binary codes capable of correcting deletions, insertions and reversals. Doklady Akademii nauk SSSR, 10:707~710

Li W D. 2006. Transiogram: a spatial relationship measure for categorical data. International Journal of Geographical Information Science, 20:693~699

Li W D. 2007. Transiogram for characterizing spatial variability of soil classes. Soil Science Society of America Journal, 71(3):881~893

Li W D, Zhang C. 2011. A Markov chain geostatistical framework for land-cover classification with uncertainty assessment based on expert-interpreted pixels from remotely sensed imagery. IEEE Trans Geosci Remote Sens, 49: 2983~2992

Li W D, Zhang C, Willig M R, et al. 2015. Bayesian markov chain random field cosimulation for improving land cover classification accuracy. Mathematical Geosciences, 47(2):123~148

Li X, Gong P, Zhou Y, et al. 2020. Mapping global urban boundaries from the global artificial impervious area (GAIA) data. Environmental Research Letters, 15(9):094044

Linke J, Mcdermid G J, Laskin D N, et al. 2009. A disturbance-inventory framework for flexible and reliable landscape monitoring. Photogrammetric Engineering & Remote Sensing, 75(8):981~995

Linke J, Mcdermid G J, Pape A D, et al. 2008. The influence of patch-delineation mismatches on multi-temporal landscape pattern analysis. Landscape Ecology, 24(2):157~170

Liu H, Gong P, Wang J, et al. 2020. Annual dynamics of global land cover and its long-term changes from 1982 to 2015. Earth System Science Data, 12(2):1217~1243

Liu X, Hu G, Ai B, et al. 2015. A normalized urban areas composite index (NUACI) based on combination of DMSP-OLS and MODIS for mapping impervious surface area. Remote Sensing, 7(12):17168~17189

Liu X, Hu G, Chen Y, et al. 2018. High-resolution multi-temporal mapping of global urban land using Landsat images based on the Google Earth Engine Platform. Remote Sensing of Environment, 209:227~239

Long J, Shelhamer E, Darrell T. 2015. Fully convolutional networks for semantic segmentation. 2015 IEEE Conference on Computer Vision and Pattern Recognition (CVPR), 3431~3440, doi: 10.1109/CVPR. 2015.7298965

Lou J. 1996. Transition probability approach to statistical analysis of spatial qualitative variables in geology. In: Forster A, Merriam D F (eds). Geologicmodeling and Mapping. New York: Plenum Press

Loveland T R, Reed B C, Brown J F, et al. 2000. Development of a global land cover characteristics database and IGBP DISCover from 1 km AVHRR data. International Journal of Remote Sensing, 21(6-7):1303~1330

Lu M, Chen J, Tang H, et al. 2016. Land cover change detection by integrating object-based data blending model of Landsat and MODIS. Remote Sensing of Environment, 184:374~386

Lung T, Schaab G. 2006. Assessing fragmentation and disturbance of west Kenyan rainforests by means of remotely sensed time series data and landscape metrics. African Journal of Ecology, 44(4):491~506

Luo H, Li L, Zhu H, et al. 2016. Land cover extraction from high resolution ZY-3 satellite imagery using ontology-based method. ISPRS International Journal of Geo-Information,5(3):31

Lv Z,Liu T,Zhang P,*et al.* 2019. Novel adaptive histogram trend similarity approach for land cover change detection by using bitemporal very-high-resolution remote sensing images. IEEE Transactions on Geoscience and Remote Sensing,57(12):1~21

Lyu H,Lu H,Mou L C,*et al.* 2018. Long-term annual mapping of four cities on different continents by applying a deep information learning method to Landsat data. Remote Sensing,10(3):471

Makoto N,Takashi M. 1980. A Structural Analysis of Complex Aerial Photographs. New York:Springer

Martin H,Linda S,Nandin E T,*et al.* 2016. Towards an integrated global land cover monitoring and mapping system. Remote Sensing,8(12):1036

Mayaux P,Eva H,Gallego J,*et al.* 2006. Validation of the global land cover 2000 map. Geoscience and Remote Sensing,IEEE Transactions on,44:1728~1739

Mcbratney A,Webster R. 2006. Choosing functions for semi-variograms of soil properties and fitting them to sampling estimates. Journal of Soil Science,37:617~639

Mccallum I,Obersteiner M,Nilsson S,*et al.* 2006. A spatial comparison of four satellite derived 1 km global land cover datasets. International Journal of Applied Earth Observation Geoinformation,8(4):246~255

Mcdermid G J,Linke J,Pape A D,*et al.* 2008. Object-based approaches to change analysis and thematic map update:challenges and limitations. Canadian Journal of Remote Sensing,34(5):462~466

Meer F V D. 2012. Remote-sensing image analysis and geostatistics. International Journal of Remote Sensing, 33(18):33

Miller G A. 1995. WordNet:a lexical database for English. Communications of the ACM,38(11):39~41

Minaee S,Boykov Y,Porikli F,*et al.* 2020. Image segmentation using deep learning. IEEE Transactions on Software Engineering,99

Minsky M L,Papert S. 1991. Perceptrons:an Introduction to Computational Geometry. Cambridge:MIT Press

Mohapatra R P,Wu C. 2007. Subpixel Imperviousness Estimation with IKONOS Imagery:an Artificial Neural Network Approach. Boca Raton:CRC Press

Moon W. 1990. Integration of geophysical and geological data using evidential belief function. IEEE Transactions on Geoscience and Remote Sensing,28:711~720

Mora B,Tsendbazar,N E,Herold M,*et al.* 2014. Global Land Cover Mapping:Current Status and Future Trends. Netherlands:Springer:11~30

Nagao M,Matsuyama T. 1980. A Structural Analysis of Complex Aerial Photographs. New York:Plenum Press

National Research Council. 2001. Grand Challenges in Environmental Sciences. Washington,DC:National Academy Press

Neches R,Fikes R,Finin T W,*et al.* 1991. Enabling technology for knowledge sharing. Ai Magazine,12(3): 36~56

Oliver M A,Webster R. 1990. Kriging:a method of interpolation for geographical information systems. International Journal of Geographical Information Systems,4(3):313~332

Olofsson P,Stehman S V,Woodcock C E,*et al.* 2012. A global land-cover validation data set,part I:fundamental design principles. International Journal of Remote Sensing,33(18):5768~5788

Olson D M,Dinerstein E,Wikramanayake E D,*et al.* 2001. Terrestrial ecoregions of the world:a new map of life on earth. BioScience,51(11):933~938

Olthof I,Latifovic R,Pouliot D. 2015. Medium resolution land cover mapping of Canada from SPOT 4/5 data. Geomatics Canada,Open File 4. https://doi. org/10. 4095/295751

Pan S J,Qiang Y. 2010. A survey on transfer learning. IEEE Transactions on Knowledge and Data Engineering,22 (10):1345～1359

Peddle D R. 1995a. Knowledge formulation for supervised evidential classification. Photogrammetric Engineering and Remote Sensing,61:409～417

Peddle D R. 1995b. Mercury:an evidential reasoning image classifier. Computers and Geosciences, 21: 1163～1176

Pekel J-F,Cottam A,Gorelick N,et al. 2016. High-resolution mapping of global surface water and its long-term changes. Nature,540:418～422

Peng G,Han L,Meinan Z,et al. 2019. Stable classification with limited sample:transferring a 30-m resolution sample set collected in 2015 to mapping 10-m resolution global land cover in 2017. Science Bulletin,64(6): 370～373

Pesaresi M,Ehrlich D,Ferri S,et al. 2016. Operating procedure for the production of the Global Human Settlement Layer from Landsat data of the epochs 1975,1990,2000,and 2014. Affiliation:European Commission － Joint Research Centre (JRC), Institute for the Protection and Security of the Citizen, Global Security and Crisis Management Unit

Pérez-Hoyos A,Garcia-Haro F J,San-Miguel-Ayanz J. 2012. A methodology to generate a synergetic land-cover map by fusion of different: Land-cover products. International Journal of Applied Earth Observation Geoinformation,19:72～87

Radke R J, Andra S, Al-Kofahi O, et al. 2005. Image change detection algorithms:a systematic survey. IEEE Transactions on Image Processing,14(3):294～307

Reynaud C,Safar B. 2007. Exploiting WordNet as background knowledge. In:Proceedings of the 2nd International Workshop on Ontology Matching (OM- 2007) Collocated with the 6th International Semantic Web Conference (ISWC-2007)and the 2nd Asian Semantic Web Conference(ASWC-2007),Busan,Korea

Ridd M K. 1995. Exploring a V-I-S (vegetation-impervious surface-soil) model for urban ecosystem analysis through remote sensing:comparative anatomy for cities. Remote Sensing,16:2165～2185

Pittman K,Hansen M C,Becker-Reshef I,et al. 2010. Estimating global cropland extent with multi-year MODIS data. Remote Sensing,2(7):1844～1863

Rosenblatt F. 1958. The perceptron:a probabilistic model for information storage and organization in the brain. Psychological Review,65:386～408

Roy D P,Ju J,Kline K,et al. 2009. Web-enabled Landsat Data(WELD):Landsat ETM+ composited mosaics of the conterminous United States. Remote Sensing of Environment,114(1):35～49

Royle A G, Clausen F L, Frederiksen P. 1981. Practical universal Kriging and automatic contouring. Geo-processing:Geo-data,Geo-systems and Digital Mapping,1(4):377～394

Ryutaro T,Thanh H N,Toshiyuki K,et al. 2014. Production of global land cover data-GLCNMO2008. Journal of Geography Geology,6(3):99～122

Schepaschenko D,See L,Lesiv M,et al. 2015. Development of a global hybrid forest mask through the synergy of remote sensing,crowdsourcing and FAO statistics. Remote Sensing of Environment,162:208～220

Schneider A,Friedl M A,Potere D. 2010. Mapping global urban areas using MODIS 500-m data:new methods and datasets based on "urban ecoregions". Remote Sensing of Environment,114(8):1733～1746

Schwarzacher W. 1969. The use of Markov chains in the study of sedimentary cycles. Mathematical Geology,1: 17～39

See L, Schepaschenko D, Lesiv M, et al. 2015. Building a hybrid land cover map with crowdsourcing and geographically weighted regression. ISPRS Journal of Photogrammetry Remote Sensing,103:48~56

Shan X,Tang P,Hu C,et al. 2014. Automatic geometric precise correction technology and system based on hierarchical image matching for HJ-1A/B CCD images. Journal of Remote Sensing,18(2):254~266

Shi J,Malik J. 2000. Normalized cuts and image segmentation. IEEE Transactions on Pattern Analysis and Machine Intelligence,22(8):888~905

Simonyan K,Zisserman A. 2014. Very deep convolutional networks for large-scale image recognition. Computer Science,ICLR 2015

Song X P,Hansen M C,Stehman S V,et al. 2018. Global land change from 1982 to 2016. Nature,650:639~643

Sood V,Gusain H S,Gupta S,et al. 2021. Topographically derived subpixel-based change detection for monitoring changes over rugged terrain himalayas using awifs data. Journal of Mountain Science,18(1):126~140

Sophie B,Pierre D,Eric V B,et al. 2011. GLOBCOVER 2009 products description and validation report. http://due.esrin.esa.int/globcover/LandCover2009/GLOBCOVER2009_Validation_Report_2.2.pdf

Srinivasan A,Richards J. 1990. Knowledge-based techniques for multisource classification. International Journal of Remote Sensing,11:505~525

Steele B M,Winne J C,Redmond R L. 1998. Estimation and mapping of misclassification probabilities for thematic land cover maps. Remote Sensing of Environment,6(2):192~202

Steemans C. 2008. Coordination of information on the environment(CORINE). In:Kemp K (ed). Encyclopedia of Geographic Information Science. Thousand Oaks CA:SagePublications Inc:49~50

Stehman S V,Olofsson P,Woodcock C E,et al. 2012. A global land-cover validation data set,II:augmenting a stratified sampling design to estimate accuracy by region and land-cover class. International Journal of Remote Sensing,33:6975~6993

Strebelle S. 2002. Conditional simulation of complex geological structures using multiple-point statistics. Mathematical Geology,34(1):1~21

Studer R,Benjamins V R,Fensel D. 1998. Knowledge engineering:principles and methods. Data Knowledge Engineering,25(1-2):161~197

Sulla-Menashe D,Gray J M,Abercrombie S P,et al. 2019. Hierarchical mapping of annual global land cover 2001 to present:the MODIS Collection 6 land cover product. Remote Sensing of Environment,222:183~194

Sun Z,Wang C,Guo H,et al. 2017. A modified normalized difference impervious surface index (MNDISI) for automatic urban mapping from landsat imagery. Remote Sensing,9:942

Szantoi Z,Geller G N,Tsendbazar N E,et al. 2020,Addressing the need for improved land cover map products for policy support. Environmental Science & Policy,112:28

Szegedy C,Wei L,Jia Y,et al. In: 2015. Going deeper with convolutions. 2015 IEEE Conference on Computer Vision and Pattern Recognition(CVPR)

Tang Y,Atkinson P M,Wardrop N A,et al. 2013. Multiple-point geostatistical simulation for post-processing a remotely sensed land cover classification. Spatial Statistics,5(1):69~84

Tateishi R,Uriyangqai B,Al-Bilbisi H,et al. 2011. Production of global land cover data-GLCNMO. Digital Earth,4(1):22~49

Taylor M E,Stone P H. 2009. Transfer learning for reinforcement learning domains:a survey. Journal of Machine Learning Research,10(10):1633~1685

Tong X Y,Xia G S,Lu Q,et al. 2018. Learning transferable deep models for land-use classification with high-resolution remote sensing images. arXiv,1807.05713v1

Tong X Y,Xia G S,Lu Q,et al. 2020. Land-cover classification with high-resolution remote sensing images using transferable deep models. Remote Sensing of Environment,237(6):111322

Townshend J,Justice C,Li W,et al. 1991. Global land cover classification by remote sensing:present capabilities and future possibilities. Remote Sensing of Environment,35:243~255

Townshend J,Masek J,Cheng Q H,et al. 2012. Global characterization and monitoring of forest cover using Landsat data:opportunities and challenges. International Journal of Digital Earth,5(5):373~397

Tsendbazar N E,Bruin S D,Fritz S,et al. 2015a. Spatial accuracy assessment and integration of global land cover datasets. Remote Sensing,7(12):15804~15821

Tsendbazar N E,Bruin S D,Herold M. 2015b. Assessing global land cover reference datasets for different user communities. Isprs Journal of Photogrammetry & Remote Sensing,103:93~114

Tsendbazar N E,Debruin S,Mora B,et al. 2016. Comparative assessment of thematic accuracy of GLC maps for specific applications using existing reference data. International Journal of Applied Earth Observation Geoinformation,44:124~135

Uschold M,Grueninger M. 1996. Ontologies:principles,methods and applications. Knowledge Engineering Review,11(2):93~155

USGS. 2017. US landsat analysis ready data(ARD)level-2 data product. https://doi.org/10.5066/F7319TSJ [2021-05-19]

Verburg P H,Neumann K,Nol L. 2011. Challenges in using land use and land cover data for global change studies. Global Change Biology,17(2):974~989

Visser P,Jones D M,Bench-Capon T,et al. 1997. An analysis of ontology mismatches:heterogeneity versus interoperability. Interoperability AAAI Spring Symposium on Ontological Engineering

Wang N,Peng S K,Li M S. 2012. High-resolution remote sensing of textural images for tree species classification. Chinese Forestry Science and Technology,11(3):64~65

Wang P,Huang C,Brown de Colstoun E C,et al. 2017. Global human built-up and settlement extent(HBASE) Dataset from Landsat. Palisades,NY:NASA Socioeconomic Data and Applications Center(SEDAC)

Weng Q,Hu X. 2008. Medium spatial resolution satellite imagery for estimating and mapping urban impervious surfaces using LSMA and ANN. IEEE Transactions on Geoscience & Remote Sensing,46(8):2397~2406

Wentz E A,Nelson D,Rahman A,et al. 2008. Expert system classification of urban land use/cover for Delhi, India. International Journal of Remote Sensing,29(15):4405~4427

Wickham J,Herold N,Stehman S V,et al. 2018. Accuracy assessment of NLCD2011 impervious cover data for the Chesapeake Bay region,USA. ISPRS Journal of Photogrammetry and Remote Sensing,146:151~160

Wickham J,Stehman S,Gass L,et al. 2017. Thematic accuracy assessment of the 2011 National Land Cover Database(NLCD). Remote Sensing of Environment,191:328~341

Wickham J D,Stehman S V,Fry J A,et al. 2010. Thematic accuracy of the NLCD 2001 land cover for the conterminous United States. Remote Sensing of Environment,114(6):1286~1296

Wood E F,Roundy J K,Troy T J,et al. 2012. Reply to comment by Keith J. Beven and Hannah L. Cloke on "Hyperresolution global land surface modeling:meeting a grand challenge for monitoring Earth's terrestrial water". Water Resources Research,48(1):1802

Wu Z,Palmer M. 1994. Verbs semantics and lexical selection. Proceedings of the 32nd Annual Meeting on Association for Computational Linguistics(COLING-94)

Wulder M A,Ortlepp S M,White J C,et al. 2008. Impact of sun-surface-sensor geometry upon multitemporal high spatial resolution satellite imagery. Canadian Journal of Remote Sensing,34(5):455~461

Xing H,Chen J,Zhou X. 2015. A Geoweb-based tagging system for borderlands data acquisition. ISPRS

International Journal of Geo-information, 4:1530 ~ 1548

Xu G, Zhang H, Chen B, et al. 2014. A bayesian based method to generate a synergetic land-cover map from existing land-cover products. Remote Sensing, 6(6):5589 ~ 5613

Xu P, Herold M, Tsendbazar N E, et al. 2020. Towards a comprehensive and consistent global aquatic land cover characterization framework addressing multiple user needs. Remote Sensing of Environment, 250:112034

Yang L, Jin S, Danielson P, et al. 2018. A new generation of the United States National Land Cover Database: requirements, research priorities, design, and implementation strategies. ISPRS Journal of Photogrammetry Remote Sensing, 146:108 ~ 123

You Y, Cao J, Zhou W. 2020. A survey of change detection methods based on remote sensing images for multi-source and multi-objective scenarios. Remote Sensing, 12(15):2460

Yuanxin J, Yong G, Feng L, et al. 2018. Urban land use mapping by combining remote sensing imagery and mobile phone positioning data. Remote Sensing, 10(3):446

Zhang Q, Seto K C. 2011. Mapping urbanization dynamics at regional and global scales using multi-temporal DMSP/OLS nighttime light data. Remote Sensing of Environment, 115(9):2320 ~ 2329

Zhang X, Liu L, Chen X, et al. 2020a. GLC_FCS30: global land-cover product with fine classification system at 30 m using time-series Landsat imagery. Earth System Science Data Discussion, doi:10.5194/essd-2020-182

Zhang X, Liu L, Wu C, et al. 2020b. Development of a global 30 m impervious surface map using multisource and multitemporal remote sensing datasets with the Google Earth Engine platform. Earth System Science Data, 12(3):1625 ~ 1648

Zhang Y, Zhang H, Lin H. 2014. Improving the impervious surface estimation with combined use of optical and SAR remote sensing images. Remote Sensing of Environment, 141:155 ~ 167

Zhao Y Y, Gong P, Yu L, et al. 2014. Towards a common validation sample set for global land-cover mapping. International Journal of Remote Sensing, 35(13):4795 ~ 4814

Zhou J, Yu B, Qin J. 2014. Multi-level spatial analysis for change detection of urban vegetation at individual tree scale. Remote Sensing, 6(9):9086 ~ 9103

Zhou S S, Chen Q C, Wang X L. 2013. Convolutional deep networks for visual data classification. Neural Processing Letters, 38(1), doi:10.1007/s11063-012-9260-y

Zhu L, Jin G, Zhang X, et al. 2021. Integrating global land cover products to refine GlobeLand30 forest types: a case study of conterminous United States (CONUS). International Journal of Remote Sensing, 42:2105 ~ 2130

Zhu L, La Y X, Shi R M, et al. 2020. Removing land cover spurious change by geo-eco zoning rule base. International Archives of the Photogrammetry, Remote Sensing and Spatial Information Sciences, doi:10.5194/isprs-archives-XLII-3-W10-677-2020

Zhu L, Sun Y, Shi R M, et al. 2019. Exploiting cosegmentation and geo-eco zoning for land cover product updating. Photogrammetric Engineering & Remote Sensing, 85(8):597 ~ 611

Zhu Z, Woodcock C E. 2014. Continuous change detection and classification of land cover using all available Landsat data. Remote Sensing of Environment: An Interdisciplinary Journal, 144:152 ~ 171

Zhu Z, Woodcock C E, Holden C, et al. 2015. Generating synthetic Landsat images based on all available Landsat data: Predicting Landsat surface reflectance at any given time. Remote Sensing of Environment, 162:67 ~ 83